全国高等农林院校"十三五"规划教材

畜牧微生物学实验指导

王爱华　编著

中国农业出版社

前　言

本书是在国家级动物科学实验教学示范中心建设等项目的支持下编写出版的。

畜牧微生物学课程是动物科学专业、畜牧与兽医专业重要的一门专业基础课，其理论性、技术性、实验性很强，熟悉并掌握微生物学方法与技术，对其他学科课程的学习有重要的影响。畜牧微生物学又是一门实践性和应用性很强，能直接服务于畜牧业生产及饲料、动物性产品的贮藏、加工生产以及微生物学检验等学科。其内容多、范围广，既包括普通微生物学，饲料微生物学，乳品微生物学，兽医微生物学，肉、蛋微生物学等，又包括动物免疫学。畜牧微生物学实验教学在畜牧微生物学课程教学过程中占有很大的比重，通过实验教学使学生掌握微生物学的基本知识，加深理解微生物学的理论，熟悉微生物学的基本操作技能；培养学生独立观察、思考、发现、提出、分析和解决微生物学相关问题的综合能力；使学生掌握一定的研究与应用相关微生物的方法与技术。

为实现上述实验教学目标，并结合本课程的教学特点，编者自 2009 年起对自己 20 余年来畜牧微生物学方面的教学、科研、生产工作进行了总结与分析，编写了这本书。在编写过程中，作者将最新理论、方法和技术细化贯穿于实验内容中，并将实验内容和理论讲授有机地结合或衔接起来。此外，在实验方式上，力求规程化，便于学生掌握，提高他们的操作技能。本实验指导独到之处在于它将任课教师、实验员教师和学生融为一体，使他们知道实验前、进实验室后、实验进行时、实验结束后做什么、怎么做以及这么做的原理或原因。

本实验指导分三大部分，第一部分为实验室及实验规则，包括微生物学实验室规则、学生实验守则、实验报告格式、微生物显微绘图要求等；第二部分为实验，包括细菌学、真菌学、免疫学以及水、鲜奶、饲料的微生物学检验等十六个实验。每一实验基本由实验目的要求、实验内容、基本知识和原理、实验器材、实验方法、实验报告要求及思考题等七个方面组成。第三部分为附录，包括常用染色方法及其染色液配制、常用培养基及其配制、常用试剂及其配制。本书还附有部分细菌和真菌形态及构造显微摄像图片。

本实验指导可作为高等农业院校动物科学、畜牧与兽医等专业的本专科生实验教材用，也可作为从事这些专业科研教学人员的参考书。

本实验指导编写过程中，编者学习并吸收了同仁的知识、见解、成果等，谨此致谢！希望在今后的工作中加强合作。

由于编者水平有限，书中难免存在不足之处，敬请同行及读者批评指正，以便修订。

王爱华

2012 年 6 月

目 录

前言

第一部分 实验室及实验规则

实验室规则 ………………………………………………………………… 2
紧急情况的应急处理 ……………………………………………………… 3
学生实验守则 ……………………………………………………………… 4
实验报告格式 ……………………………………………………………… 5
微生物普通光学显微形态构造图的绘制要求 …………………………… 6

第二部分 实验

实验一　普通光学显微镜的构造、原理及使用 ………………………… 8
实验二　细菌的形态及构造观察 ………………………………………… 14
实验三　细菌抹片的制备与染色 ………………………………………… 19
实验四　真菌的形态及构造观察 ………………………………………… 25
实验五　真菌水浸片的制备 ……………………………………………… 28
实验六　常用仪器设备的认识和使用 …………………………………… 30
实验七　实验用品的清洗与消毒灭菌 …………………………………… 41
实验八　培养基的制备 …………………………………………………… 45
实验九　细菌的分离培养与移植 ………………………………………… 51
实验十　细菌培养性状观察与运动性检查 ……………………………… 56
实验十一　细菌的生理生化试验 ………………………………………… 60
实验十二　空气、水及人的微生物学检验 ……………………………… 67
实验十三　饲料的微生物学检验 ………………………………………… 75
实验十四　鲜乳及乳制品的微生物学检验 ……………………………… 80
实验十五　琼脂双向免疫扩散试验 ……………………………………… 87
实验十六　凝集试验 ……………………………………………………… 91

第三部分 附录

附录一　常用染色法及其染色液的配制 ………………………………… 96
附录二　常用培养基的配制 ……………………………………………… 105
附录三　常用溶液及试剂的配制 ………………………………………… 139

主要参考文献 ……………………………………………………………… 147

第一部分

实验室及实验规则

实 验 室 规 则

微生物实验要求无菌操作，同时，畜牧微生物学课程实验教学所用微生物材料有些为有害微生物，甚或具有感染性，为了防止污染和感染的发生，特制定畜牧微生物实验室如下规则，所有进入实验室的人员都必须严格遵守。

1. 进入实验室应穿工作服，禁止将不必要的物品，特别是食物、饮品等带入实验室，必须带入的书籍和文具等应放在指定的非操作区，以免受到污染。

2. 保持实验室清洁，必须建立起无菌操作意识，养成良好的无菌操作技能，不得随地吐痰、乱扔纸屑、铅笔屑等废弃物或污物，并不得开启风扇等。

3. 保持实验室安静，不得大声喧哗、随便走动，实验室内禁止饮食、抽烟，实验进行时不允许随意进出。

4. 各种实验材料应按指定地点存放，实验室物品未经许可严禁带出实验室。用过的器材必须放入消毒缸或指定的容器内，禁止随意放于实验台、试剂架上及冲入水槽。

5. 须进行恒温培养的物品，应做好标记后整齐放入指定培养箱中。

6. 实验过程中发生差错或意外事故时，应进行正确处理或立即报告老师，禁止自作主张不按规定处理或隐瞒。

7. 爱护室内仪器设备，严格按操作规程使用。节约使用实验材料，不慎损坏了器材等，应立即主动报告老师进行处理。

8. 实验完毕，应将所有器材归放原处并将操作台面整理擦拭干净，实验室打扫干净。最后用配置好的消毒水，如 $0.2‰\sim0.5‰$ "84"消毒液浸泡手 $5\sim10\min$，用自来水洗净后方可离开实验室。

紧急情况的应急处理

微生物学实验室较常见的事故是酒精灯失火，高压蒸汽灭菌器安全阀打开，电器，如培养箱、电热干热灭菌器等着火，微生物实验材料，如活菌液等污染操作台、地面、手、衣服等或其他意外，如发生这些情况，应立即按下述方法进行处理：

1. 由于点酒精灯的方法不当等原因造成酒精灯失火。或由于用酒精灯盖熄灭酒精灯时用力过猛或方法不当，造成酒精灯爆炸并失火，在关注伤者伤势的同时要注意及时灭火。无论哪种情况，如火势较小时，可立即用湿抹布覆盖灭火；如火势较大时，则需使用干粉灭火器灭火，严禁使用抹布等物拍打灭火。必要时必须果断拨打120和119求助。

2. 高压蒸汽灭菌器安全阀打开，首先注意避开喷出的高温蒸汽甚或液体立即关掉电源，然后拔下电源插头。

3. 电器或仪器起火，应立即关机，拔下电源插头，拉下总闸。若为导线绝缘体或电器外壳等可燃材料着火时，可用湿棉被等覆盖物体以封闭窒息灭火；在没有切断电源的情况下，千万不能用水或泡沫灭火剂扑灭电器火灾，否则，扑救人员随时都有触电的危险。必要时必须果断求助119。

4. 活菌液洒落操作台或地面，倾注消毒液，如2%～3%来苏儿或0.1%新洁尔灭于污染面上，作用30min后抹去，也可倾注0.2%～0.5%"84"消毒液，作用5～10min后抹去。

5. 手被活菌污染，在消毒液中浸泡一定时间，如在2%～3%来苏儿或0.1%新洁尔灭中浸泡10～20min，或在0.2%～0.5%"84"消毒液浸泡5～10min后，再以肥皂水搓洗，最后用自来水冲洗干净即可。

6. 衣服污染活菌时，用消毒水浸泡一定时间，如于2%～3%来苏儿或0.1%新洁尔灭消毒液中浸泡30min，或用0.2%～0.5%"84"消毒液浸泡5～10min后，以清水冲洗干净，如衣料耐高温，则可煮沸或高压灭菌后清洗干净。

7. 不慎将活菌液吸入上消化道，如口腔中，应立即吐出到容器中消毒，并用0.1%高锰酸钾溶液或3%双氧水漱口，必要时根据菌类的不同服用适当的抗菌药物或就医。

学 生 实 验 守 则

大学里，微生物学实验室功能很多，在此可从事微生物学研究工作和教学工作，教学贯穿于科研，科研服务于教学。本科生微生物学课程的实验教学工作则是微生物学实验室承担的主要任务之一。为了完善实验教学和提高实验教学效果，维护正常的教学秩序，保证安全等，特为学生制定如下守则：

1. 在理论学习的基础上，实验前必须预习实验指导，明确实验内容、实验目的要求，掌握实验基本知识和原理，理解实验方法，熟悉所用仪器设备的性能及操作规程，做好实验准备。

2. 不得缺席实验课。上课时，不得迟到或早退。有事须向任课教师请假，如果可能的话，可以与其他同类班的学生对换实验课，但必须跟教师沟通好。

3. 进入实验室，要严格遵守实验室各项规章制度，衣着及所携物品符合实验要求，按规定位置就位，不得随意走动或擅自离开。

4. 保持室内安静、整洁，严肃自律，不影响他人实验。除紧急情况外，不得使用任何通讯设备，也不得使用与课堂内容无关的其他产品如 MP3、MP4、随身听等。

5. 实验时要遵从老师指导，遵守操作规程，认真操作，仔细观察，积极主动思考，努力培养自己发现、分析、解决问题的能力，不得草率了事。

6. 如实记录实验结果，分析实验现象，不抄袭他人实验记录；做完实验认真复查，有问题时可以与邻近同学小声讨论或举手请教老师，如有错漏，及时更正或补做。

7. 按照实验指导要求的报告格式，按时认真独立完成实验报告，不抄袭他人实验报告。

8. 每次实验后，结合实验指导中的思考题，认真做好本次实验的温故和总结。

9. 要爱护仪器设备，节约水、电、试剂。凡损坏或丢失仪器、材料、工具等，均应及时报告并登记，按规定处理。

10. 实验结束后将所有器材放回原处，整理擦拭实验台面、做好实验室卫生工作。离开实验室时，要注意切断电源、水源、气源，关好门窗，经许可方可离开。

实验报告格式

一、实验项目名称
二、实验目的要求
三、实验基本原理
四、实验主要仪器设备及材料
五、实验内容及方法
六、实验结果（包括微生物光学显微形态构造绘图、微生物培养特征、微生物生理生化特性、微生物染色反应特性等，实验数据及数据处理等）
七、结论或讨论
八、实验体会或对实验改进的建议

微生物普通光学显微形态构造图的绘制要求

绘图要求清晰，并正确表示出微生物的外形、大小、排列方式及构造特点。绘图注意事项如下：

1. 绘图要用黑色硬铅笔，一般用2H或HB铅笔为宜，不要用软铅笔（如2B、4B等铅笔）或有色铅笔（如红蓝铅笔），切记不能用铅笔以外的笔（如钢笔、圆珠笔、水性笔等）绘图。

2. 图的大小及在报告纸上的布局要适当。一般画在报告纸张中部，并向左、右方引出注明各部名称的线条。各引出线条要整齐平行，各部分名称写在线条左侧或右侧并同其他文字部分用笔一致，不得绘完图后顺便用铅笔进行图注。

3. 点、线、面要清晰，比例要准确。较长的线条向顺手的方向运笔，必要时扭转手腕、身躯或将报告纸转动再画。同一线条粗细相同，中间不要有断线或开叉痕迹；绘图时切忌反复涂抹。

4. 观察标本时应认真仔细，要把混杂物、破损、重叠等现象与目的物区别清楚，才能绘出正确的图来，而不致把这些现象会在图上，否则，只是徒劳毫无收获。

5. 实验所提供的菌种材料，其中菌体形态是相当稳定一致的，绘图时要认真耐心，如同一种细菌，球状就是球状，不能把有的绘成逗号、小撇或方形等；也要注意其大小和排列的一致性，不能将有的画得很大，有的画得很小。

6. 整个实验报告除注意准确合理性外，要布局合理、美观、整洁。

第二部分

实 验

实验一
普通光学显微镜的构造、原理及使用

一、实验目的要求

（1）了解普通光学显微镜的结构和各部件的作用。
（2）学会正确使用和维护普通光学显微镜。
（3）熟悉油镜的原理和使用方法。

二、普通光学显微镜的原理与使用

1. 显微镜的分类　显微镜根据光源不同可分为光学显微镜和非光学显微镜两大类。前者以可见光或不可见光为光源；后者则以电子束或超声波为光源。这两类显微镜又可根据不同的分类依据划分为若干类型，如图实1-1所示。

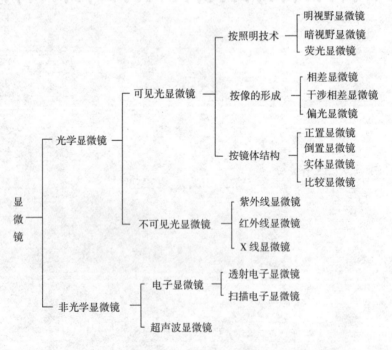

图实1-1　显微镜的分类

检查微生物标本，观察微生物的形状、大小、排列方式及构造时，必须借助显微镜。对于本科生的微生物学课程教学而言，常用的是普通光学显微镜，即普通生物显微镜。

2. 普通光学显微镜的结构　普通光学显微镜的构造可分为3个部分，即机械装置、光学放大系统和照明系统。

机械装置具有固定材料和观察方便的功效，包括镜座、镜臂、镜筒、物镜转换器、载物台、片夹、推进器、粗调节器和微调节器等部件；光学放大系统由目镜和物镜组成，是显微镜的主体；照明系统由聚光镜、滤光片、虹彩光圈、反光镜或光源等组成。随着光学仪器等相关科学的发展，普通光学显微镜的分辨率、功能等也得到不断改进和完善。图实1-2、图实1-3、图实1-4、图实1-5分别为不同时期的显微镜。

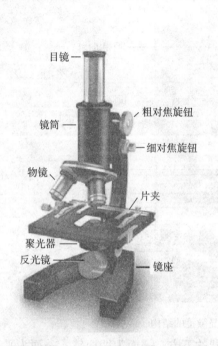

图实1-2　普通光学显微镜的结构

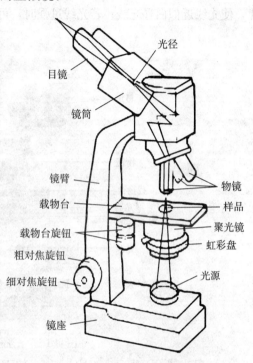

图实1-3　普通光学显微镜的结构

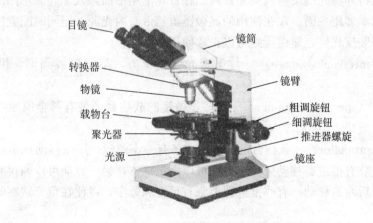

图实1-4　普通光学显微镜的结构

（1）镜座（base）　是支撑整个镜体的基座，位于显微镜的最下方，用于负荷全部显微镜的重量。

（2）照明灯（lamp）　即显微镜内光源。现使用的显微镜多为带有光源的显微镜。

(3) 聚光镜（collecting mirror） 又称集光器（condenser），位于载物台的下方，由一组透镜合成，可以上下移动，以使光线集中于待检的标本（或承载标本的载玻片）上。

(4) 光圈（aperture） 位于聚光镜之下，可以放大和缩小；用以调节进入聚光镜的光量。其转动的把手恒定于右方。

(5) 滤光器（filter of light） 位于光圈之下，呈圈状，可以装上玻璃片，以滤过进入集光器的光线。通常显微镜附有蓝色玻璃片和毛玻璃片各一块，当用灯光时，可以装上蓝色玻片，使光线近似白昼光线；若光线过强时，可装上毛玻璃片，使光线柔和，不致刺激眼睛。

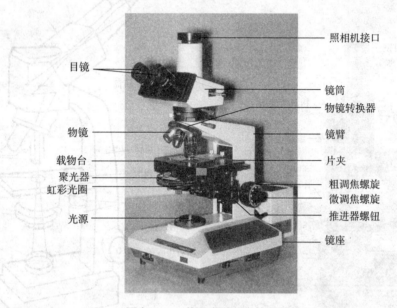

图实1-5 普通光学显微镜的结构

(6) 反光镜（reflecting mirror） 位于集光器的下方，一面为凹面镜，一面为平面镜，可随意翻转，用以将外源光线反射入集光器内。在日光下用平面，人工光源用凹面；染色标本用凹面，本色标本多用平面。现在使用的显微镜虽然带有内光源，但同时配置反光镜，当内光源损坏时可安装反光镜，显微镜则可以正常使用。

(7) 载物台（mechanical stage） 位于聚光镜的上方，呈方形或圆形，供放被检标本用。

(8) 标本片夹（specimen retainer） 有些显微镜的载物台上装有薄金属压片，可用以固定承放标本的载玻片。

(9) 推进器（propellor） 载物台的后方左右各有一小螺丝，用以移动标本的位置。有些显微镜载物台上装有推进器移动架，一方面可以固定标本，另一方面可以通过载物台左下方的螺钮将标本前后左右移动。有些推进器上刻有尺度和数字，以便在重复观察时容易找出原来的检查部位。

(10) 粗调节器（coarse focus knob） 与细调节器均位于镜臂上。粗调节器为较大的螺钮，包在细调节器之外。旋转粗调节器可以升降载物台，以调节物镜和标本之间的距离（工作距离）。

(11) 细调节器（fine focus knob） 其螺钮较细，包在粗调节器中并突出于粗调节器的端面，功用与粗调节器相同，但其升降载物台的限度较小，作用机理较为精密。

（12）**物镜（objective）** 位于载物台的上方，通过物镜上的螺纹固定在转换器的下方，利用入射光线造成被检标本的第一次影像。它是由 1~5 组复式透镜所组成，每一组复式透镜又由一至数块透镜组成。目镜是决定显微镜性能的最重要因素。每台显微镜通常配置物镜 5 种，分别为低倍镜，放大倍数低，如 5×、10× 等；高倍镜，放大倍数较高，如 20×、40× 等；油浸镜，放大倍数更高，如 95×、100× 等。

（13）**转换器（changer）** 位于镜筒的下端，其下一般有 4 个螺口用以装置各种不同放大倍数的物镜。通过旋转转换器可使欲选用的物镜转换至使用位置上，从而与光轴重合。

（14）**目镜（ocular）** 位于镜筒的上端，是一个复合放大镜，用以由物镜所放大的影像再放大一次。目镜的放大率与接目镜的直径和目镜筒长有关，即直径越小，筒长越短，而放大率越大。镜外刻有放大倍数，如 5×、7× 或 10× 等。

（15）**镜臂（microscope arm）** 其顶端固定着目镜筒和转换器，下端与镜座相连。用以支持镜筒、载物台等，并便于显微镜的提取和移动。

3. 油浸镜的原理和使用 应用生物显微镜观察或检查微生物标本时，多使用油浸镜（以下简称油镜）进行。油镜是一种物镜，其上标有放大倍数，如 95×、100× 等及特别标记，以便识别。国产油镜多刻有"油"字字样，进口油镜常刻有"Oil"（oil immersion）或"HI"（homogeneous immersion）。油镜上还常常漆有白环或红环，而且油镜镜身比低倍镜和高倍镜长，但镜片最小，这也是识别油镜的另一标志。

油镜的镜片细小，进入镜中的光线也较少，其视野比用低倍镜和高倍镜的暗。当油镜和承载微生物标本的载玻片之间为空气层所隔离时，由于空气的折光系数（1.0）与玻璃的折光系数（1.52）不同，故有一部分光线被折射掉而不能进入油镜中，使视野更暗；如果在油镜与载玻片之间滴上与玻璃折光系数接近的油类，如香柏油（1.51）等，使光线最大限度地进入镜头而不被折射掉，从而视野亮度充足，物像明亮清晰，操作者可清楚地对标本进行观察或检查。实验室几种常用物质的折光系数见表实 1-1。

表实 1-1 实验室几种常用物质的折光系数

物品名称	折光系数
玻璃	1.52~1.59
檀香油	1.52
香柏油	1.51
加拿大树胶	1.52
二甲苯	1.49
液体石蜡	1.48
松节油	1.47
甘油	1.47
水	1.33

4. 显微镜的使用方法及注意事项

（1）**安放** 一只手握住镜臂，另一只手托住镜座，使镜体保持直立。桌面（操作台）要清洁、平稳。

(2) 检查　检查显微镜是否有毛病，是否清洁，镜身机械部分可用干净软布擦拭。透镜要用擦镜纸擦拭，如有污物，可用少量二甲苯或镜头清洗液（3份酒精：1份乙醚）进行清洁。

(3) 对光　载物台升至距镜头1~2cm处，低倍镜对准通光孔。调节光圈和反光镜，光线强时用平面镜，光线弱时用凹面镜，反光镜要用双手转动。

若使用的显微镜带有光源，可省去此步骤，但需要调节光亮度。打开光源，光线由弱到强缓慢进行调节。

(4) 放置标本片　将承载标本的载玻片放置载物台上，注意切勿放反。用标本片夹将载玻片固定，扭动推进器旋钮，使标本对准通光孔中央以便观察或检查。

(5) 调焦　调焦时，先旋转粗调节器缓慢提升载物台，并从侧面仔细观察，直到物镜贴近标本，然后左眼自目镜观察，左手旋转粗调节器，直到看清标本物像时停止，再用细调节器回调清晰。

调焦时，不应在高倍镜下直接调焦；载物台升起时，应从侧面观察镜头和标本之间的间距；要了解物距的临界值。

如果使用的是双筒显微镜，若观察者双眼视度有差异，可靠视度调节圈调节。另外双筒可相对平移以适应操作者两眼间距。

(6) 观察　若使用的是单筒显微镜，两眼自然张开，左眼观察标本，右眼观察记录及绘图；同时左手调节焦距，使物像清晰并移动标本视野，右手记录、绘图。

镜检时应将标本按一定方向移动视野，直至整个标本观察完毕，以便不漏检，不重复。

光强度的选择，一般情况下，染色标本光线宜强，无色或未染色标本光线宜弱；低倍镜观察光线宜弱，高倍镜观察光线宜强。除调节反光镜或光源灯以外，光圈的调节也十分重要。

观察标本时，一定要从低倍镜到高倍镜再到油镜的顺序进行，而且，转换物镜和上升载物台或下降镜头时不要用力过猛，或者调焦时不要误将粗调节螺旋向反方向转动，而一定要从侧面观察，以免镜头与片夹或载玻片等相撞，损坏镜头及载玻片。物镜选择与工作距离的关系见图实1-6。

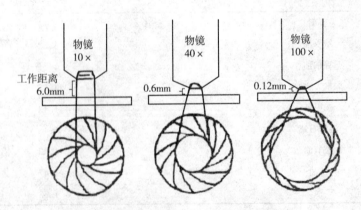

图实1-6　物镜选择与工作距离的关系

①低倍镜观察：观察任何标本时，都必须先使用低倍镜，因为其视野大，易发现目标和确定要观察或检查的目标。

②高倍镜观察：从低倍镜转至高倍镜时，只需略微调动细调节器，即可使物像清晰，切勿使用粗调节器旋钮，否则易压碎盖玻片并损伤镜头。转换物镜时，手指推动转换器，不可直接推转物镜，否则使物镜的光轴发生偏斜，转换器螺纹受力不均匀而破坏，最后导致转换器报废。

③油镜观察：先用低倍镜及高倍镜将被检物体移至视野中央后，再换油镜观察。油镜观察前，应将显微镜亮度调整至最亮，即升高集光器，完全打开光圈，调好反光镜（常使用凹面）。

使用油镜时，先在标本上滴加一滴香柏油，然后升起载物台或降低镜筒并从侧面仔细观察，直到油镜头刚好与油滴接触，然后用目镜观察，可看到模糊的物像，用细调节器进行调节，直到物像清晰为止。

香柏油滴加要适量。油镜使用完毕后应及时用擦镜纸将镜头拭净，如油滴已干，则需先用擦镜纸蘸取少许二甲苯或镜头清洗液（参见附录三）擦去油渍，再用干净擦镜纸拭净镜头。

（7）结束操作　观察完毕，微降载物台或微升镜筒，移去标本片，扭转转换器，使镜头八字形偏于两旁，反光镜要竖立，将显微镜（包括目镜及物镜）清理擦拭干净，并套上显微镜套（防尘套）。

若使用的是带有光源的显微镜，需将光源亮度调至最暗，再关闭电源按钮，以防止下次开机时瞬间过强电流烧坏光源灯。

三、思考题

(1) 简述普通光学显微镜油镜的原理。
(2) 如何判断分析视野中观察到的是标本片上的物质而不是目镜上的？
(3) 使用显微镜观察或检查标本时，为什么要按低倍镜到高倍镜再到油镜的顺序进行？
(4) 如何计算和表示普通光学显微镜的放大倍数？

实验二
细菌的形态及构造观察

一、实验目的要求
(1) 认识细菌的基本外形和排列方式。
(2) 了解细菌的大小。
(3) 认识细菌的特殊构造。
(4) 通过细菌示教片的观察，掌握普通光学显微镜的使用方法和维护措施。
(5) 通过细菌示教片的观察，熟悉显微镜油镜的使用方法。

二、实验内容
在了解普通光学显微镜构造及各部件作用的基础上，正确使用显微镜，在油镜下观察细菌的标本示范教学片，认识细菌的形态特征和特殊构造。

三、基本知识和原理
细菌是单细胞生物，尽管个体微小，但有其完整的形态特征和结构。细菌的形态及特殊构造的观察，是微生物学的重要内容之一。

1. 细菌的形态 细菌形态有三个方面的内涵，即细菌的外部形状、大小和排列方式。各种细菌的外形、大小及排列方式在一定条件下是相对稳定的，并具有其特征，因此可作为细菌分类与鉴定的一个依据。

(1) 细菌的外形 细菌属于单细胞原核微生物，也就是说细菌菌体由单个细胞构成。细菌的外部形状比较简单，仅有3种基本类型，即球状、杆状和螺旋状。据此可将细菌分为球菌、杆菌和螺旋状菌三大类。

①球菌（coccus，复数 cocci）：多数呈球形，也有椭圆形的。球菌按其分裂的方向及分裂后彼此相连的情况，又可分为下列5种

a. 双球菌（diplococcus）：在一个平面上分裂，分裂后两两相连成双排列，其接触面有时呈扁平或凹入，菌体变成肾状、扁豆状或矛头状。

b. 链球菌（streptococcus）：在一个平面上连续分裂，分裂后三个或三个以上的菌体连接成或长或短的链条。如乳酸链球菌、无乳链球菌、停乳链球菌、乳房链球菌、猪链球菌等。

c. 四联球菌（tetracoccus）：先后在两个相互垂直的平面上各分裂一次，分裂后四个球菌连在一起，排列成"田"字形，如四联加夫基菌。

d. 八叠球菌（sarcina）：先后在三个相互垂直的平面上各分裂一次，分裂后八个球菌立

体地叠在一起，如藤黄八叠球菌。

e. 葡萄球菌（staphlococcus）：在多个不规则的平面上多次分裂，分裂后若干个球菌不规则地堆在一起，排列形式如同葡萄串，如金黄色葡萄球菌等。

② 杆菌（bacillus，复数 bacilli）：菌体一般呈正圆柱形，也有近似卵圆形。菌体多数平直，少数稍弯曲（如腐败梭菌）。菌体两端多呈钝圆形，少数平切（如炭疽杆菌），也有两端尖细（尖端梭杆菌）或末端膨大呈棒状（如白喉杆菌）。此外，还有极少数呈分支状（如结核分支杆菌）、鼓槌状（棒状杆菌）及细丝状。

杆菌只有一个分裂方向（或分裂面）。分裂方向与菌体长轴相垂直（横分裂）。根据杆菌分裂后的排列不同可将杆菌分为下列3种。

a. 单杆菌（monobacilli）：分裂后彼此分离，单独存在，无特殊的排列方式，如大肠杆菌、沙门菌、产气荚膜梭菌等。

b. 双杆菌（diplobacilli）：分裂后两两相连，成对存在（极少数）。

c. 链杆菌（streptobacilli）：分裂后三个或三个以上的菌体相连，呈链状排列，如炭疽杆菌、枯草杆菌等。

除上述排列方式外，少数杆菌分裂后可呈铰链样，彼此部分粘连，菌体互成各种角度，继续分裂可以成丛、栅栏样排列或呈V、Y、L字样排列。

③ 螺旋状菌（spiral bacterium）：菌体呈弯曲或扭转的圆柱形，两端钝圆或尖突。据菌体上弯曲或扭转的数目又可分为2种。

a. 弧菌（vibrio）：菌体上只有一个弯曲，形如逗点，如霍乱弧菌等。

b. 螺菌（spirillum）：菌体上有两个或两个以上弯曲，呈螺旋状。

（2）细菌的大小　细菌是一类较小的微生物，需要借助光学显微镜才能观察到。我们应知道的几个重要分辨率——人眼（0.2mm）；光学显微镜（0.2μm）；电子显微镜（0.2nm）。细菌大小的度量单位用微米（micrometer，μm；1μm＝1/1 000mm）和纳米（nanometer，nm；1nm＝1/1 000μm），通常多用微米。细菌的大小及表示方法见图实2-1。

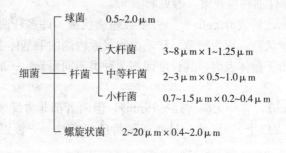

图实2-1　细菌的大小及表示方法

纳米细菌（nanobacteria）：纳米细菌大小约为上述普通细菌大小的1/100。纳米细菌呈球状或球杆状，细胞壁较厚，无荚膜，无鞭毛。芬兰科学家Kajander于1998年在人肾结石中发现直径80~500nm的"纳米细菌"。据报道，正常人群血清中也发现纳米细菌，纳米细菌还能感染牛、犬、鹿等哺乳动物。

（3）细菌的排列　细菌靠二分裂法（简单的裂殖）繁殖，即一分为二。有些种类的细菌分裂后彼此分离，单独存在；有些种类分裂后则彼此仍有原浆带相连，这样就使细菌形成一定的排列方式。

2. 细菌的构造 细菌属于单细胞原核生物，其细胞构造基本同于其他原核生物细胞，包括细胞壁、细胞膜、间体、细胞质（浆）、核体、核蛋白体（核糖体）和内含物等基本构造。有些细菌还有荚膜、鞭毛、菌毛及芽胞等特殊构造，也是细菌分类和鉴定的重要依据。本实验重点观察认识细菌的特殊构造。

(1) 荚膜（capsule） 有些细菌在其生活过程中，能在细胞壁的外面形成一层厚度均匀、包围整个菌体的胶状物质，称为荚膜。

根据荚膜的厚度将荚膜分为荚膜和微荚膜：

①荚膜：较厚，$0.2\mu m$ 以上，光镜下可见。

②微荚膜（microcapsule）：较薄，$0.2\mu m$ 以下，电镜可见。用血清学反应可以鉴定。

荚膜的折光性和对普通染料的亲和力均较低，可通过荚膜特殊染色法或负染色法（又称背景染色法，如普通染色法——美蓝染色法，于普通光学显微镜下，可见到菌体周围存在着一层无色或浅色的外围。），在光学显微镜下可清楚地观察到荚膜的存在。

荚膜紧贴于菌体细胞壁外；整个荚膜厚度和密度均匀一致、有一定的形状和轮廓、与周围环境有明显界线；荚膜为细菌构造的一部分。

也有些细菌产生类似的、松散的、不固定于细胞壁的胶状物质，叫黏液层（slime layer）。由于黏液产生后可自菌体游离于外界，因此黏液层厚度不均、无一定形状和轮廓、与周围环境无明显界线；其密度也不均匀。黏液层为细菌的分泌物。

荚膜是一种种的特性，即荚膜的形成受遗传因素的影响。另外与环境条件也有密切的关系。如：炭疽杆菌需在动物组织中才能明显形成荚膜，在普通培养基中不形成荚膜。一些腐生性的荚膜细菌，只有在含有一定种类糖的环境中才能形成荚膜。由此，实验室炭疽杆菌荚膜标本片为体内注射和繁殖几代炭疽杆菌动物（如实验小鼠、兔子等）的组织抹片或触片（制作方法见实验三）。

炭疽杆菌等细菌菌体由于各种原因崩解消失，而荚膜仍留存完好，称为菌蜕（bacterial ghost），又称为菌影，需仔细扫描观察（参见彩图5）。

(2) 鞭毛（flagellum，复数 flagella） 大多数螺旋状菌、许多杆菌和个别球菌可形成突出于菌体表面的细长丝状物，称为鞭毛。鞭毛由胞浆膜内侧的毛基体生发，继续延伸并穿过胞浆膜和细胞壁而突出于菌体表面，其长度因细菌种类不同而异，一般都为菌体本身长度的若干倍。

有些鞭毛有鞘（55nm），有些无鞘（12~19nm），但两者都非常纤细，未到光学显微镜所能看到的范围（$0.2\mu m$ 以上），因此，只有通过特殊染色法——镀银法，使其增粗方能看见。

按菌体上鞭毛的数目和排列方式可将细菌分为以下几种：

①单毛菌：

a. 一端单毛菌：菌体一端只有一根鞭毛，如霍乱弧菌。

b. 两端单毛菌：菌体两端各有一根鞭毛，如大肠弧菌。

②丛毛菌：

a. 一端丛毛菌：菌体一端只有一丛鞭毛，如耶拿紫硫螺菌。

b. 两端丛毛菌：菌体两端各有一丛鞭毛，如红色螺菌。

③周毛菌：菌体周身都有鞭毛，如沙门菌和枯草杆菌等。

细菌能否产生鞭毛，以及鞭毛的数目和排列方式，都具有种的特征，是细菌种、型鉴定的重要依据之一。

鞭毛的主要成分是单纯蛋白质，称为鞭毛蛋白（flagellin）。鞭毛蛋白与动物肌动蛋白相似，具有收缩性，故鞭毛是细菌的运动器官。鞭毛有规律的收缩可引起细菌的运动。细菌运动性检查参见实验十。

(3) 菌毛（fimbria or pilus，复数 fimbriae or pili） 一些革兰阴性菌和少数革兰阳性菌菌体上着生的比鞭毛数量较多，形状较直、直径较细、长度较短的毛发状细丝，称为菌毛。它着生于细胞膜上，穿过细胞壁而伸展于菌体表面。电镜下可见。

菌毛是一种中空的蛋白质管。据其形态和功能可分为普通菌毛（ordinary pilus）和性菌毛（sex pilus）两种，前者主要功能有助于细菌附着于动、植物组织细胞等物质上；后者在细菌接合中起着重要作用。

(4) 芽胞（spore） 一部分 G^+ 杆菌和个别 G^+ 球菌在一定环境条件下，可在菌体内形成一个圆形或卵圆形的休眠体结构，称为芽胞。未形成芽胞的菌体称为繁殖体或营养体（vegetative form），形成芽胞的菌体称为芽胞体。芽胞成熟或老化，原菌体消失，芽胞则独立存在，称为游离芽胞。

芽胞与营养细胞相比，结构及化学组成存在较大差异，容易在显微镜下观察到（相差显微镜直接观察；芽胞特殊染色）。芽胞具有多层结构及较厚的芽胞壁，结构致密，含水量少，不易着色，但折光性强，故通过负染色法，在普通光学显微镜下呈无色空洞状。

芽胞一般呈圆柱形、椭圆形或短圆筒形，其大小有大于菌体横径的，有小于或等于的。根据芽胞形成的位置，芽胞可分为以下几种类型：

①中央芽胞：位于菌体中央，如炭疽杆菌芽胞。
②偏端芽胞：位于菌体偏端，如肉毒梭菌芽胞。
③末端芽胞：位于菌体末端。如破伤风梭菌芽胞。

由于芽胞的大小和位置的不同，芽胞体则呈现不同的形状。例如，芽胞大于母菌体横径，并位于中央，则芽胞体呈梭状，如产气荚膜梭菌。此外，还有汤匙状，鼓槌状，如破伤风梭菌。

芽胞的形成除与遗传有关外，还与其他条件有关，如炭疽杆菌等需氧菌，必须接触到氧才能形成芽胞。此外，培养基中营养物质的耗尽也是形成芽胞的重要条件。所以说芽胞是细菌在不良环境条件下的一种休眠状态。芽胞一旦遇到适宜的环境条件，便会活化、出芽，转变成为繁殖体。

一个细菌繁殖体只能产生一个芽胞，一个芽胞也只能产生一个繁殖体（营养体），因此芽胞不是细菌的繁殖器官，而是细菌抵抗外界不良环境条件，保存生命的一种休眠状态构造。产芽胞细菌的保藏多用其芽胞，既省工、省力，又省实验材料。但芽胞给人类的生活和生产也带来许多危害。

在整个生物界中，芽胞是抗逆性最强的生命体，是否能消灭芽胞是衡量各种消毒灭菌手段最重要的指标。

芽胞的有无、形态、大小和位置是细菌分类和鉴定中的重要指标。

四、实验器材

1. 主要器材　普通光学显微镜、香柏油、擦镜纸、镜头清洗液等。
2. 细菌标本示范教学片　链球菌、葡萄球菌、大肠杆菌、炭疽杆菌、荚膜、鞭毛、芽胞等细菌形态和构造示范教学片。

五、实验方法

1. 普通光学显微镜的使用方法与保养措施　参照本实验指导"实验一"中的方法进行。
2. 观察细菌标本片
（1）眼睛对在目镜上，通过推进器螺钮上下左右移动载玻片以确定所观物是载玻片上的目的区域。
（2）使用低倍镜和高倍镜找到标本物厚度、颜色等最佳视野。
（3）在载玻片标本物区域滴加一滴香柏油并推动转换器调换上油镜头。
（4）认真仔细观察，多扫描观察不同视野以便把混杂物、破损、重叠等现象与细菌目的物区别清楚，为正确绘图做好准备。

六、实验报告

（1）按本实验指导要求的报告格式认真完成实验报告。
（2）实验结果绘制 4 幅细菌形态显微镜下图和 2 幅细菌结构镜下图。
（3）按本实验指导"微生物显微形态结构图的绘制要求"认真、耐心、正确绘图。具体要求是：
①4 幅细菌形态图：注意细菌外形、大小比例和排列方式。
a. 链球菌：注意其个体外形、大小及其链的长短。
b. 葡萄球菌：注意其个体外形、大小及其无一定次序，无一定数目，不规则地堆放在一起的排列方式。
c. 大肠埃希菌：注意其单个散在的状态，菌体外形、大小，菌端的形态。
d. 炭疽杆菌：注意其菌体的外形、大小，菌端的形态，以及链状排列，链的长短。
②2 幅细菌特殊结构图：
a. 荚膜：注意其位置，整个厚度要均匀。
b. 芽胞：注意芽胞的外形、位置，以及与菌体大小的关系，所绘图视野中应包括三种形式，即营养体、芽胞体和游离芽胞。

七、思考题

（1）分别简述链球菌、葡萄球菌的形态特征。
（2）分别简述大肠埃希菌、炭疽杆菌的形态特征。
（3）通过本次实验课教学，您有何收获？

实验三
细菌抹片的制备与染色

一、实验目的要求

(1) 掌握细菌抹片的制备方法。
(2) 掌握美蓝染色和革兰染色的方法。
(3) 认识细菌革兰染色反应的特性。
(4) 通过自制细菌抹片的观察,进一步掌握普通光学显微镜的使用方法和维护措施。
(5) 通过自制细菌抹片的观察,进一步熟悉显微镜油镜的使用方法。

二、实验内容

(1) 细菌抹片的制备与美蓝染色或革兰染色。
(2) 仔细观察所制备和染色的细菌抹片,识别细菌革兰染色反应的特征,并进一步认识细菌的形态特征。
(3) 观察到效果好的片子,贴上标签保存。标签上注明细菌名称、材料、染色法和日期。亦可按实验五的方法封片,保存时间会更长。

三、基本知识和原理

由于细菌个体微小,肉眼无法看到,必须借助显微镜才能观察到。而且,细菌细胞呈无色半透明状态,直接在普通光学显微镜下,也只能大致见到其外貌。制成抹片并染色后,则能较清楚地显示其形态和结构,也可以根据不同染色反应,作为鉴别细菌的一种依据。细菌的染色方法很多,有单染色法,如美蓝染色法;复染色法,又称鉴别染色法,如革兰染色法、抗酸染色法、瑞氏染色法和姬姆萨染色法等;还有荚膜、鞭毛、芽孢等的特殊染色法。

1. 细菌细胞壁的结构与化学组成 用革兰染色法对细菌进行染色,结果出现两种染色反应,这与细菌细胞壁的结构及化学组成有关,由此,可将细菌分为革兰阳性(G^+)菌和革兰阴性(G^-)菌两大类。G^+菌和G^-菌细胞壁在结构和化学组成上的主要区别如下。

(1) G^+菌细胞壁的特点

①较厚,15~35nm,有的更厚,可达80nm。
②非多层分化结构。
③化学组成简单,一般只含肽聚糖和磷壁酸,主要是肽聚糖(又称黏肽、胞壁质、黏质复合物),一般可占细胞壁物质的40%~60%,有的细菌可达90%。

(2) G^-菌细胞壁的特点

①较薄,10~15nm。

②有多层分化结构，细胞壁由外胞壁和内胞壁构成，外胞壁为典型的生物膜结构，故又称外膜。

③化学组成复杂，内胞壁是一层较薄的肽聚糖，仅占细胞壁物质的10%~20%；外膜则是由脂多糖、磷脂、脂蛋白和蛋白质等组成。

另外，细胞壁的化学组成及构造与细菌的抗药性有关。如青霉素、先锋霉素等抗生素能抑制肽聚糖的合成；多层结构及脂类能阻碍药物和染料等的穿透与扩散；支原体与细菌的L型（细胞壁缺损或无的细菌变形——具有多形性）对青霉素不敏感。

2. 染色原理 只应用一种染料进行染色的方法称简单染色法，如美蓝染色法。应用两种或两种以上的染料或再加媒染剂进行染色的方法称复杂染色法。染色时，有些是将染料分别先后使用，有些则同时混合使用，染色后不同的细菌或物体，或者细菌构造的不同部分可以呈现不同颜色，有鉴别细菌的作用，又可称为鉴别染色，如革兰染色法、抗酸染色法、瑞氏染色法和姬姆萨染色法等。

而对于细菌的一些特殊构造，多数很难着色，在显微镜下也很难观察，为此往往需要相应特殊的染色方法，才能较好着色，如荚膜染色法、鞭毛染色法、芽胞染色法等。

（1）简单染色 由于细菌在中性环境中一般带负电荷，所以通常采用一种碱性染料，如美蓝、碱性复红、结晶紫、孔雀绿、蕃红等进行染色。这类染料解离后，染料离子带正电荷，使细菌着色。

（2）革兰染色 革兰染色法不仅是一种复合染色法，通过一个多世纪的实践证明，而且是一种极其重要的鉴别染色法。

①染色的基本程序：草酸铵结晶紫染液（初染）→水洗→革兰碘液（媒染）→水洗→95%酒精（脱色）→水洗→沙黄染液（复染）→水洗。

②染色的原理：结晶紫初染和碘液媒染后，二者形成了紫色的结晶紫与碘复合物。当用95%酒精脱色时，一方面能使细胞壁脱水，使肽聚糖中的小孔直径缩小；而另一方面又能把细胞壁中的脂类溶解抽提出来使孔隙变大。

G^+菌由于其细胞壁肽聚糖含量高，用酒精脱色处理后，因失水反而使网孔缩小；再加上含类脂极少，影响甚微，故最终使细胞壁通透性明显降低，而上述紫色复合物被阻留在细胞内，从而被染成紫色。反之，G^-菌其细胞壁外胞壁脂类含量较多，被迅速溶解抽提出去后，各层结构变得松弛；而内胞壁的黏肽含量较少且薄而松散，孔隙缩小有限，故上述复合物逸出细胞之外而被复染的沙黄取而代之，从而被染为红色。

（3）抗酸染色 抗酸菌类，如分支杆菌属细菌，一般不易着色，需用强浓染液加温或长时间才能着色，但一旦着色后即使使用强酸、强碱或酒精也不能使其脱色。其原因是这类细菌细胞壁含有丰富的蜡质（或称类脂，分支杆菌酸），可阻止染料透入菌体内着染，又不被强酸、强碱或酒精破坏或抽提，一旦染料进入菌体后就不易脱去而能抗御酸类脱色。通过抗酸染色，抗酸菌染成红色，非抗酸菌则呈蓝色。若抗酸菌的胞壁及胞膜破损，则失去抗酸性染色特性。

（4）荚膜染色 荚膜是某些细菌细胞壁外存在的一层胶状黏液性物质。其成分为多糖类或多肽类，荚膜折光性低，与普通染料亲和力低，不易着色。故通常采用负染色法检查细菌是否形成荚膜，即设法使菌体和背景着色而荚膜不着色，从而使荚膜在菌体周围呈一浅色或无色的透明圈。亦可对荚膜进行荚膜特殊染色。因荚膜薄，含水量在90%以上，且易变形，故制片时不能采用加热法固定,以免荚膜皱缩变形,影响结果观察。

(5) 鞭毛染色 细菌鞭毛非常纤细,超过一般光学显微镜的分辨力。因此,观察时需通过特殊的鞭毛染色法。鞭毛的染色法较多,主要的原理是需经媒染剂(常用单宁,或称单宁酸或鞣酸)处理。媒染剂的作用是促使染料分子吸附到鞭毛上,并形成沉淀,使鞭毛直径加粗,才能在光学显微镜下观察到鞭毛。

(6) 芽胞染色 细菌芽胞壁的结构和化学组成与细菌细胞壁的完全不同,比较而言,芽胞壁厚而致密,通透性低,不易着色,也不易脱色,若用一般染色法只能使菌体着色而芽胞不着色,芽胞呈无色透明状。芽胞染色法就是基于细菌的芽胞和菌体对染料的亲和力不同,用不同的染料进行染色,使芽胞和菌体呈现不同的颜色而加以区别。所有的芽胞染色法都基于同一个原则:除了用着色力强的染料外,还需要加热,以促进芽胞着色。当芽胞着色时,菌体也会着色,然后水洗,芽胞染上的颜色难以渗出,而菌体会脱色。再用对比度强的染料对菌体复染,使菌体和芽胞呈现出不同的颜色,形成鲜明的对照,便于观察。

四、实验器材

1. 主要器材 普通光学显微镜、载玻片、接种环、试管架、酒精灯、火柴、记号笔、普通光学显微镜、香柏油、擦镜纸、二甲苯、稀释液(生理盐水)、染色盒、染色缸、染色架、洗瓶、消毒剂等。

2. 染色液 美蓝染色液,革兰系列染色液(草酸铵结晶紫溶液、革兰碘液、95%酒精、沙黄水溶液)。

3. 细菌材料 葡萄球菌普通营养琼脂斜面培养物和普通肉汤培养物,大肠埃希菌普通营养琼脂斜面培养物和普通肉汤培养物。

五、实验方法

1. 抹片的制备

(1) 抹片

①固体材料:从染色盒下方的小抽屉中取出接种环于酒精灯火焰上灼烧灭菌后,首先取一环稀释液[生理盐水(参见附录三)、PBS液(参见附录三)、肉汤(参见附录二)或蒸馏水等]置于洁净载玻片的中部,然后用灭菌接种环挑取适量细菌固体培养物(如普通营养琼脂斜面培养物;或其他固体材料——脓汁、粪便等黏稠的动物分泌物和排泄物)与上述载玻片上的稀释液液滴轻轻混匀并缓慢涂开,涂布成直径1~1.5cm大小的薄层(涂片要求薄而匀)。一张载玻片上可制备1~3个涂片,进行有序编排。涂好后将接种环火焰灭菌,放回原处。

②液体材料:用灭菌接种环直接取细菌液体培养物(如普通肉汤培养物;或其他液体材料——乳汁、血液、尿液、渗出液等)。一环或数环于洁净载玻片的中部并缓慢均匀涂布,制成涂片。

③动物组织脏器材料:取一小块组织或脏器,将其新鲜面(用灭菌手术剪剪之后或灭菌手术刀切之后所形成的面)在洁净载玻片上接触或涂抹即可制成触片或抹片;或用灭菌接种环从多汁的组织脏器样本深层取材制成涂片。

(2) 干燥 为使待检材料更紧地贴附于载玻片上,而不致在染色过程中水洗时大量脱落，对上述涂片需进行干燥和固定。同时，干燥和固定可使材料中的大量细菌死亡，便于更好的着色（死菌细胞通透性提高，染料易于进入菌体内；死菌变性蛋白易于活菌非变性蛋白着色），和避免或减少环境污染。

①自然干燥：上述各种涂片，将其涂抹面朝上，均可室温自然干燥。

②加热干燥：若涂片中水分过多或自然环境温度低而湿度大，不易自然干燥，可和加热固定同时进行。

（3）固定

①加热固定：将载玻片材料涂抹面朝上，以其背面在酒精灯火焰上通过数次，略作加热（不能距火焰太近以免太热，勤用手背感觉，以背面不烫手背为度）进行固定。

②化学固定：组织、脏器、血液等涂片（尤其要进行姬姆萨染色的涂片）常用甲醛固定，即将已干燥的涂片浸入含有甲醛的固定器内 3~5min 后，取出晾干；或在涂片上滴加数滴甲醛，作用 3~5min 后，自然干燥。

（4）染色　固定好的抹片或触片便可进行染色。

2. 染色方法　细菌的染色方法很多，本实验进行下列几种。

（1）美蓝染色法（单染法）

①将上述制备好的细菌抹片放置在染色缸上的染色架上，在材料涂抹区域垂直滴加适量碱性美蓝染液（参见附录一），覆盖整个涂抹区域（通常加一滴染液即可），染色 2~3min 后用普通水缓慢将多余的染液冲洗掉。

②用一只手的大拇指和食指稳固夹在载玻片两侧的同一端，轻轻甩去水分，再用吸水纸吸去片子上残留的水分。

③镜检观察，细菌被染成蓝色。

（2）革兰染色法（复染法）

①初染：将制备好的细菌抹片放置在染色缸上的染色架上，在材料涂抹区域垂直滴加适量草酸铵结晶紫溶液（参见附录一），覆盖整个涂抹区域（一般加一滴染液即可），染色 2~3min，水洗——用普通水缓慢将多余的染液冲洗掉，然后用一只手的大拇指和食指稳固夹在载玻片两侧的同一端，轻轻甩去水分。

②媒染：同样方法滴加革兰碘液（参见附录一），染色 2~3min，水洗。

③脱色：同样方法滴加 95% 酒精，材料涂抹得厚，脱色时间则需长些，相反，涂得薄，时间则短些。脱色时间灵活掌握，一般在 20~60s，水洗。

④复染：同样方法滴加沙黄染液（参见附录一），染色 2~3min，水洗。

⑤用吸水纸吸去片子上残留的水分。

⑥镜检观察，革兰阳性菌呈蓝紫色，革兰阴性菌呈红色。

（3）抗酸染色法

①齐（萋）-尼（Ziehl-Neelsen）二氏染色法：于干燥、固定好的抹片上滴加较多的石炭酸复红染液（参见附录一），在玻片下以酒精灯火焰微加热至产生蒸汽为度（切忌煮沸），维持微微产生蒸汽 3~5min，水洗。然后用 3% 盐酸酒精脱色，至标本无色脱出为止，充分水洗。再用碱性美蓝染液复染约 1min，水洗。最后吸干水分，镜检。

②金-加（Kinyoun-Gabbott）二氏染色法：于干燥、固定好的抹片上滴加金氏石炭酸复红染液（参见附录一），维持 3min 后水洗，滴加加氏复染液（参见附录一），经 1min 后，

连续水洗 1min，吸干水分，镜检。

③蒲曼（Pooman）染色法：于干燥、固定好的抹片上滴加石炭酸复红染液（参见附录一），经 1min 后水洗，再用 1％美蓝酒精复染 20~30s，水洗、干燥、镜检。镜检前对光检查染色片，标本片务必呈蓝色，如标本片呈现红色或棕色，表示复染不足，应再染 5~10min，再观察，如仍未全呈蓝色时，仍需复染，至符合要求为止。

通过抗酸染色，抗酸菌呈红色，非抗酸菌则呈蓝色。

（4）荚膜染色法

①多色性美蓝染色法：抹片自然干燥，甲醇固定，以久储的多色性美蓝染液（参见附录一）作简单染色，荚膜呈淡红色，菌体呈蓝色。多色性美蓝即碱性美蓝，亦称骆氏美蓝。

②节（Jasmin）氏荚膜染色法：制备抹片所用的稀释液〔无菌动物血清（各种动物的血清均可）1mL，0.5％石炭酸生理盐水 9mL，混合而成〕。抹片自然干燥，在火焰上微微加热固定，然后置甲醇中处理，并立即取出，在火焰上烧去甲醇。用革兰染色液中的草酸铵结晶紫染色液染色 0.5~1min，干燥后镜检。背景淡紫色，菌体深紫色，荚膜无色。

③瑞氏染色法或姬姆萨染色法：抹片自然干燥，甲醇固定（瑞氏染色液中含有甲醇，故瑞氏染色时，一般不需要固定），以瑞氏染液（参见附录一）或姬姆萨染液（参见附录一）染色，荚膜呈淡紫红色，菌体呈蓝色。

④克利特（Klett）染色法（参见附录一）。

（5）鞭毛染色法

①镀银法（见附录一）。

②莱夫森（Leifson）染色法（参见附录一）。

（6）芽胞染色法

①石炭酸复红美蓝染色法：抹片经火焰固定后，于其上滴加石炭酸复红染液（参见附录一），加热至产生蒸汽，经 2~3min，水洗。以 5％醋酸脱色，至淡红色为止，水洗。以骆氏美蓝染液（参见附录一）复染 0.5min，水洗。吸干水分，镜检，菌体呈蓝色，芽胞呈红色。

②孔雀绿沙黄染色法：抹片经火焰固定后滴加 5％孔雀绿水溶液（孔雀绿 5.0g、蒸馏水 100mL）于其上，加热 30~60s，使产生蒸汽 3~4 次，水洗；以 0.5％沙黄水溶液（沙黄 0.5g、蒸馏水 100mL）复染 0.5min，水洗，吸干水分，镜检。菌体呈红色，芽胞呈绿色（所用载玻片先酸液处理可防绿色褪色）。

六、注意事项

（1）在进行微生物学实验操作时，如本次实验细菌抹片制备，应注意无菌操作，以免造成交叉污染。尤其是接触到病原微生物时，需防止病原微生物对环境和操作者的污染甚至对操作者的感染。

（2）为学生准备的载玻片通常是洁净的。学生自己准备载玻片时，应注意是否有污渍，如油渍类，如果有则在污渍处滴加适量酒精并用干净擦镜纸朝一个方向擦拭，再通过火焰 2~3 次，以便除去残余的污渍。如果载玻片不干净，则会影响所制微生物标本片的质量和观察效果。

（3）对于初学者，制片前常常在载玻片背面用记号笔画出圆形作为涂布材料区域的记号，以便观察时寻找目的物。

(4) 细菌抹片的固定,应根据不同材料,采用不同的方法。一般纯培养物,常用火焰固定;而组织抹片常用化学方法固定。但瑞氏染色法,不用专门固定,因为瑞氏染色液中,已含有甲醇。

(5) 在制备抹片过程中,虽说干燥和固定有助于细菌死亡,但并不能保证所有的细菌全部死亡,也不能避免在染色水洗时部分涂片中的材料脱落。所以,对于微生物,特别是带芽胞或孢子的病原微生物,应严格慎重处理染色用过的残液和抹片本身,以免引起病原微生物的散播。

七、实验报告

(1) 按本实验指导要求的报告格式认真完成实验报告。
(2) 实验结果绘制葡萄球菌、大肠埃希菌的显微形态图,并注明革兰染色结果(革兰阳性菌或革兰阴性菌)。

八、思考题

(1) 回答细菌抹片制备过程中干燥和固定的目的。
(2) 您自制的大肠埃希菌抹片革兰染色结果如何?分析其机理。
(3) 在进行革兰染色时,有时候革兰阳性菌却呈现革兰阴性菌的染色特性,请分析其原因。
(4) 分支杆菌抗酸染色反应如何,为什么?

实验四
真菌的形态及构造观察

一、实验目的要求

(1) 认识真菌的外形和构造。
(2) 了解真菌的大小和繁殖方式。

二、实验内容

使用普通光学显微镜观察真菌标本示范教学片,认识真菌的形态特征及菌丝和孢子等构造。

三、基本知识和原理

1. 真菌的形态　真菌(fungi)的种类繁多,形态各异,大小悬殊,少数为单细胞,其余为多细胞,大多数呈分支或不分支的丝状体。真菌在自然界分布广、数量大、种类多。有些真菌可引起人和动物疾病,有些霉菌还产生毒素,直接或间接地危害人类和动物健康。认识其形态十分重要。通常从形态学上将真菌分为三大类群,即酵母菌(Yeasts)、霉菌(Molds)和担子菌(Basidomycetes),后两种均为丝状真菌。本次实验主要观察认识酵母菌和霉菌。

(1) 酵母菌　酵母菌是单细胞真核微生物。

其形状取决于种属和培养条件,一定条件下,相对稳定,有助于鉴定认识菌种。大多数呈球形、卵圆形、椭圆形、腊肠形、圆柱形和胡瓜形,少数为瓶形、柠檬形和假丝状。有些能进行芽殖的酵母菌,如乳酒假丝酵母、产朊假丝酵母等,有时因生长繁殖旺盛,在尚未自母细胞脱落的芽体(或子细胞)上又生出新芽,如此多次连续进行,子母细胞相连成串,形似丝状,称为假菌丝。

酵母菌虽然与细菌一样都是单细胞微生物,但要比细菌大得多,在低倍镜下即可观察到。其大小因菌种不同差异很大,一般为 $(1\sim5)\ \mu m \times (5\sim30)\ \mu m$。

(2) 霉菌　霉菌菌体是由菌丝体(mycelium)和孢子(spore)构成的,菌丝体又由许多交织成团的菌丝(hypha)构成。菌丝主要由孢子萌发而产生。霉菌孢子遇到适宜的环境条件,就会萌发、发芽,一般每个孢子只生出 1~3 个芽管(germ tube),芽管的顶端继续延伸形成菌丝,菌丝顶端继续生长分支,相互交织在一起,形成菌丝体。

霉菌菌丝在光学显微镜下呈管状。其直径为 $3\sim10\mu m$,与酵母菌宽度差不多。菌丝的分类:

①根据结构不同分类:

a. 无隔菌丝：菌丝没有横隔膜，整个菌丝为分支的长管状单细胞，细胞内含多个细胞核。在菌丝生长的过程中，只有细胞核的分裂和细胞质的增多，而没有细胞数目的增加。如毛霉、根霉等霉菌菌丝。

b. 有隔菌丝：菌丝具有横隔膜，整个菌丝由横隔膜分为若干个细胞，每个细胞中含有一个或多个核。在菌丝的生长过程中伴随着细胞数目的增加。虽然隔膜把菌丝分隔成许多细胞，但是隔膜上有微孔，使每一细胞的细胞质、细胞核和养料相互沟通。如青霉、曲霉等霉菌菌丝。

②根据功能的不同分类：

a. 营养菌丝（vegetative hypha）：又称基质菌丝。是指伸长于固体培养基内或蔓生于固体培养基表面以吸收营养物质的菌丝。

b. 气生菌丝（aerial hypha）：是指伸长于空气中，吸收氧气，供霉菌呼吸的菌丝。

c. 繁殖菌丝（reproductive hypha）：是指能够产生孢子进行繁殖的气生菌丝。

孢子（spore）是真菌，特别是丝状真菌的重要繁殖器官，在适宜的环境条件下，即可萌发、发芽，形成新的个体。真菌孢子种类很多，其形成过程、形状、大小、排列以及色泽等，均有所不同，为真菌分类鉴定的重要依据之一。真菌孢子据繁殖方式可分为无性孢子和有性孢子。霉菌的无性孢子有芽孢子、节孢子、分生孢子、孢子囊孢子和厚垣孢子 5 种。霉菌的有性孢子包括合子、卵孢子、接合孢子和子囊孢子 4 种。

2. 几种重要的霉菌

(1) 根霉菌 菌丝分支不分隔，认为其属于单细胞；根霉菌营养菌丝可生长形成跟状结构称为假根；假根着生处，向空气中丛生出直立的孢子囊柄，柄顶端由于多核原生质的聚集而膨大形成圆形的囊状物，囊内形成许多孢子，称为孢子囊孢子，该囊状物称为孢子囊，成熟后，囊壁破裂释放出孢子，再行繁殖。

(2) 青霉菌 菌丝分支分隔，认为其属于多细胞；形成分生孢子，形成过程为：由菌丝分化出分生孢子柄，柄顶端再分化形成分生孢子梗，梗顶端可多级次分出下一级小梗，在最后一级小梗顶上分化形成成串的分生孢子，便形成了青霉菌典型的扫帚状分生孢子穗。

(3) 曲霉菌 菌丝分支分隔，认为属于多细胞；形成分生孢子前首先是分生孢子柄柄顶端膨大形成球状顶囊，顶囊表面辐射式形成一层或两层瓶形或花瓣状小梗，小梗顶端产生成串的分生孢子。

四、实验器材

1. 主要器材 普通光学显微镜、香柏油、擦镜纸、二甲苯等。

2. 真菌标本示范教学片 酵母菌、根霉、青霉、曲霉等示范教学片。

五、实验方法

1. 酵母菌的观察

(1) 酵母菌比细菌大得多，于低倍镜、高倍镜下就可清晰观察到。

(2) 酵母菌和细菌均为单细胞生物，便于比较二者，可于示教片上滴加香柏油一滴，使用油镜观察。

(3) 将示教片上的油渍等污物按实验一中的方法进行清洁，并将片子放回片盒中。

2. 根霉菌的观察

（1）按照实验一普通光学显微镜的使用方法，仔细观察认识根霉菌的重要结构，如假根、分支菌丝、孢子囊及孢子囊孢子（高倍镜或油镜下）等。

（2）在低倍镜下，如放大倍数 10×10 进行观察，通过推进器螺钮缓慢上、下、左、右移动载玻片扫描观察待观察样本区域，寻找含有清晰、完整、保持自然状态的根霉菌的视野，以观察其整体。

3. 青霉及曲霉的观察

（1）按照实验一普通光学显微镜的使用方法，仔细观察认识青霉菌、曲霉菌的重要结构，如菌丝分支分隔、分生孢子及分生孢子穗等结构。并比较青霉和曲霉分生孢子的着生方式。观察孢子时光线调亮些，观察菌丝时光线调暗些。

（2）在低倍镜（10×10）或高倍镜（10×40）下观察，通过推进器螺钮缓慢上、下、左、右移动载玻片扫描观察待观察样本区域，寻找含有清晰、完整、保持自然状态的分生孢子穗结构的视野，观察其整体构成以辨别青霉菌和曲霉菌。

六、实验报告

（1）按本实验指导要求的报告格式认真完成实验报告。

（2）实验结果绘制 4～6 幅真菌形态结构显微镜下图。

（3）按本实验指导"微生物显微形态结构图的绘制要求"，认真、耐心、正确绘图。具体要求是：

①酵母菌外形和大小与细菌的不同。

②所绘根霉菌视野一定要包含一个或几个完整的根霉菌，每个根霉包括假根、分支菌丝、孢子囊柄、孢子囊及孢子囊孢子等构造。

③所绘青霉菌图中应包含分支分隔的菌丝和典型的扫帚状分生孢子穗结构。

④所绘曲霉菌中应包括分支分隔的菌丝和其典型的分生孢子穗结构，也可分别绘制菌丝分支、分隔图及分生孢子穗结构图。

七、思考题

（1）通过实验课您对酵母菌的形态特征有何认识？

（2）试分析根霉菌名称的由来。

（3）通过本次实验观察，青霉、曲霉有何异同？

实验五
真菌水浸片的制备

一、实验目的要求

（1）掌握真菌水浸片的制备方法。
（2）通过真菌水浸片的观察，进一步认识真菌的形态和构造。
（3）通过真菌水浸片的观察，进一步了解真菌的繁殖方式。
（4）通过酵母菌水浸片的观察，认识活菌与死菌染色反应的特性。

二、实验内容

（1）酵母菌、霉菌水浸片的制备。
（2）仔细观察所制备的真菌水浸片，识别活菌与死菌着色程度的差异，并进一步认识真菌的形态构造特征。
（3）观察到效果好的片子，按本实验的方法封片，然后贴上标签保存。标签上注明菌种名称、材料和日期。

三、基本知识和原理

一般将真菌制成水浸片于显微镜下观察其形态构造。

1. 酵母菌　常用美蓝染色液制备酵母菌水浸片，可观察区分活酵母菌和死酵母菌细胞。活菌细胞通透性弱，而且可将进入细胞中的美蓝还原，故活菌呈现无色状态；死菌则被染成蓝色。如果无需区别活菌与死菌，可用生理盐水或酵母菌液体培养物制备水浸片。

酵母菌最常见的繁殖方式为无性繁殖的出芽繁殖，绝大多数酵母菌都能进行芽殖，故可在母细胞表面观察到芽体；有些种类的酵母菌，如裂殖酵母属，不能进行芽殖，而只能进行横分裂，故可在有的视野中观察到横分裂时所形成的横隔膜。

2. 霉菌　霉菌菌丝较粗，细胞易收缩变形，且霉菌孢子容易散落，常用乳酸石炭酸棉蓝染色液制备霉菌的水浸片封闭标本片。由于其中含有甘油，不易干燥，细胞不变形；而乳酸和石炭酸均有防腐作用，棉蓝或其他酸性染料使菌体着色便于观察。也可在其中不加染料，观察时将光线调暗些。

利用培养在玻璃纸上的霉菌作为观察材料，可以得到清晰、完整、保持自然状态的霉菌形态。

四、实验器材

1. 主要器材　普通光学显微镜、香柏油、擦镜纸、镜头清洗液、载玻片、盖玻片、接种环、接种针、解剖针、试管架、酒精灯、火柴、记号笔、普通光学显微镜、香柏油、擦镜纸、二甲苯、染色盒、加拿大胶、50%乙醇、消毒剂等。

2. 染色液 美蓝染色液（参见附录一）、乳酸石炭酸棉蓝液（参见附录一）或乳酸石炭酸溶液（参见附录三）。

3. 真菌材料 酵母菌沙堡弱琼脂（参见附录二）斜面培养物、霉菌（青霉、曲霉、根霉、毛霉等）沙堡弱琼脂斜面培养物。

五、实验方法

1. 酵母菌水浸片的制备

（1）取一张洁净载玻片，放置于自己胸部与酒精灯之间的操作台（实验台）面上，距胸前距离以能保持正确操作姿势为度。

（2）于载玻片中部滴加一滴或两小滴美蓝染液。

（3）用灭菌接种环挑取酵母菌固体斜面培养物少许置于上述美蓝染液液滴中，并原位轻轻混匀。

（4）取一块干净盖玻片，先将其左侧或右侧边缘接触混合悬滴，然后缓慢放下盖玻片，以免产生气泡。

（5）镜检观察，注意酵母菌的形态、大小和芽体，同时观察不同菌体着色有无区别。

（6）观察发现效果好的片子后，于清洁干燥的室温环境中放置数日，让水分适当蒸发一部分，使盖玻片与载玻片贴紧，便可封片。封片时，用干净脱脂纱布或脱脂棉将盖玻片四周擦拭干净，然后再给四周涂上加拿大胶或合成树脂，风干后对其贴上标签保存。标签上注明菌种名称、材料和日期。

2. 霉菌水浸片的制备

（1）取一载玻片，并于其中部滴加适量乳酸石炭酸棉蓝染色液。

（2）用灭菌接种针挑取适量霉菌菌体，包括菌丝体和孢子，浸润于50%的乙醇中片刻，以洗掉散落的孢子及附着于菌丝体中的空气。

（3）再用蒸馏水洗一下，然后置于上述乳酸石炭酸棉蓝染色液液滴中，在解剖针的辅佐下，使菌体尽可能展开成自然状态。

（4）盖一盖玻片。

（5）镜检观察，在浅蓝色的背景上可见菌丝和孢子等结构。

（6）注意不同霉菌的形态、构造特征。发现好片子后进行封存，封存方法同酵母菌水浸片。

六、实验报告

（1）按本实验指导要求的报告格式认真完成实验报告。

（2）实验结果绘制酵母菌、霉菌形态构造显微镜图并准确注明各部分名称。

七、思考题

（1）您在自己制备的酵母菌水浸片中都观察到了什么？对其进行分析。

（2）通过实验四和本次实验您如何区分根霉、毛霉、青霉和曲霉？

实验六
常用仪器设备的认识和使用

一、实验目的要求

（1）认识微生物实验室常用的仪器设备。
（2）掌握畜牧微生物学课程实验教学过程中必需仪器设备的使用方法及注意事项。

二、常用仪器设备简介

1. 普通光学显微镜　参见实验一。

2. 无菌室　无菌室是一间光照度良好，无直接空气对流，并与外界隔离的小室。通过对进入无菌室空气的滤过除菌及无菌室空间等的消毒，无菌室便为微生物实验提供一个相对无菌的工作环境。

无菌室的组成及设备：主要有更衣间、缓冲间、操作间、空气滤过器、紫外灯及传递窗等。

无菌室的消毒和防污染：无菌室应保持整洁，工作前应将室内及地面拭净消毒，然后将需用的器材全部放入室内，关好门窗后，开启紫外线灯照射45~60min；工作者进入无菌室前关闭紫外灯，进入无菌室时应穿戴无菌衣、帽、口罩及鞋，工作期间不应随便开门出入；工作结束要保持室内整洁，及时补充常用物品，如酒精灯中酒精、火柴、记号笔等，并用新洁尔灭、来苏儿、"84"消毒液擦拭桌面和地面等。每月用甲醛、高锰酸钾、乳酸、过氧乙酸熏蒸8h以上。实际工作中，要根据无菌室使用及环境情况以及建筑材料的差异来选择合适的消毒剂和消毒方法。

此外，还应注重防止无菌室的污染。造成无菌室污染的可能因素有送入无菌室的空气没有被滤过除菌；进出无菌室时，使外界空气直接对流进入无菌室的操作间等。

3. 超净工作台　超净工作台（图实6-1）可安置在无菌间内、亦可没有无菌间，使用简单方便，为实验工作提供一个相对无菌的操作台。

（1）工作原理　鼓风机驱动的空气通过高效过滤器得以净化，净化的空气被渐渐吹过台面空间而将其中的尘埃、细菌甚至病毒颗粒带走，使工作区成无菌环境。根据气流在超净工作台的流动方向不同，可将超净工作台分为侧流式、直流式和外流式3种类型。

（2）超净台的使用与保养　超净台的平均风速保持在0.32~0.48m/s为宜，过大、过小均不利于保持净化度；使用前最好开启超净台内紫外灯照射约30min，然后让超净台预工作约15min，以除去臭氧和使用工作台面空间呈净化状态；使用完毕后，要保持台内整洁，并用新洁尔灭、来苏儿、"84"消毒液将台面和台内四面擦拭干净，以保证超净台无菌。切忌用酒精擦拭超净台的有机玻璃，否则，有机玻璃变得浑浊，透明度大大降低，阻挡了视

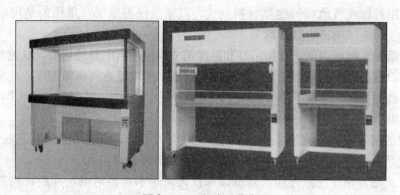

图实 6-1 超净工作台

(三个超净工作台自左到右分别为双人单面、双人双面、单人双面)

线,操作不便甚或无法操作。

4. 培养箱 培养箱是培养微生物的主要设备,可为微生物和组织细胞的生长繁殖提供适宜的环境。其原理是应用人工的方法在培养箱内营造微生物和组织细胞生长繁殖的人工环境,如控制一定的温度、湿度、气体等。目前使用的培养箱主要有以下几种。

(1) 普通培养箱

①结构及原理:外壳通常用石棉板或铁皮喷漆制成,温度范围:5~65℃。可分为隔水式恒温培养箱(图实 6-2)和电热恒温培养箱(图实 6-3)。

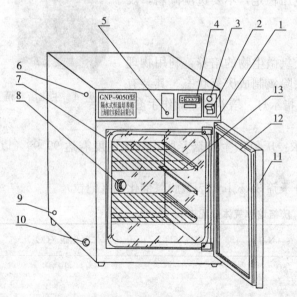

图实 6-2 隔水式恒温培养箱

1.箱体 2.电源开关 3.电源指示灯 4.控温仪
5.低水位报警器 6.进水接口 7.钢化玻璃门(内门)
8.内门旋钮拉手 9.溢水口 10.放水口及塞子
11.外箱门 12.外门磁性封条 13.隔板

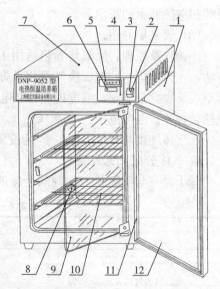

图实 6-3 电热恒温培养箱

1.箱体 2.电源开关 3.电源指示灯 4.控温仪 5.箱内温度显示 6.设定温度显示 7.箱顶盖 8.内门旋钮拉手 9.钢化玻璃门(内门) 10.隔板 11.外门磁性封条 12.外箱门(外门)

隔水式培养箱内层为紫铜皮制的贮水夹层,采用电热管加热水的方式加温;电热式培养箱的夹层是用石棉或玻璃棉等绝热材料制成，以增强保温效果，采用的是用电热丝直接加热，利用空气对流，使箱内温度均匀。

在培养箱的正面或侧面，有指示灯和温度调节旋钮，当电源接通后，红色指示灯亮，选择所需温度，待温度达到后，红色指示灯熄灭，表示箱内已达到所需温度，此后箱内温度靠温度控制器自动控制。

②注意事项：

a. 箱内的培养物不宜放置过挤，否则热空气对流不畅，影响培养结果。

b. 无论放入或取出物品应及时随手关门，以免温度波动过大。

c. 隔水式培养箱应注意先加水（蒸馏水或无离子水）再通电，并经常检查水位，及时补足水。

d. 电热式培养箱在使用时应将风口适当旋开，以利于调节箱内的温度，并应在箱内放一盛水容器，以保持一定的湿度。

③用途：常用于人工培养细菌，多数细菌包括病原菌以 36～37℃ 为最适温度。

（2）生化培养箱　该培养箱（图实 6-4）同时装有电热丝加热和压缩机制冷。因此可适应范围很大，一年四季均可保持在恒定温度，因而逐渐普及。

温度范围：5～50℃。

其使用与维修保养类似电热式培养箱。由于安装有压缩机，因此也要遵守冰箱保养的注意事项，如保持电压稳定，不要过度倾斜，及时清扫散热器上的灰尘等。

（3）厌氧培养箱

①构造及原理：厌氧培养箱适用于厌氧微生物的培养，利用物理方法，密封箱门、抽气、换气及化学方法除氧制成厌氧状态。其装有真空表、真空泵气阀、温度控制器、电源指示灯、培养箱、操作手套、电热接种棒。温度范围：5～50℃。

图实 6-4　生化培养箱

②气体纯度与气体分配：a. 纯度要求：厌氧微生物培养所用气体纯度需达 99.99％ 以上。b. 气体分配：见表实 6-1。

③干燥剂与脱氧剂：a. 高效干燥剂分子筛 3A。b. 105 型脱氧催化剂（钯粒）。

表实 6-1　厌氧培养气体分配表

气　体	氮气（N_2）	氢气（H_2）	二氧化碳（CO_2）
厌氧菌气体分配率（％）	80	10	10
微需氧菌气体分配率（％）	80	15	5
需二氧化碳（CO_2）菌气体分配率（％）	10		普通大气 90

④指示剂：a. 厌氧环境指示剂：美蓝溶液。b. CO_2 环境指示剂：溴麝香草酚蓝。

⑤使用方法：

a. 首先将所有气阀全部关闭。开启真空泵阀门，再开启 A 罐体阀门，将 A 罐体门敞开。

b. 迅速将已接种微生物的培养基放入罐内，同时将 105 型脱氧催化剂约 50g 与高效干燥剂分子筛3A约15g混合后放入2只敞开的玻璃皿中,再将玻璃器皿放入A罐内。

c. 将备用的厌氧环境指示剂放入罐门真空玻璃前,注意观察指示剂颜色变化,迅速关闭罐门、扭紧。

d. 开动真空泵,当真空达到$9.33×10^4$Pa(700mmHg)时,将泵阀门关闭后,再断掉真空泵电源。

e. 开启输气总阀(即输N_2、H_2、CO_2),开启气体盘铜阀(N_2阀),用氮气(N_2)冲洗罐床及管路,轻轻开启N_2瓶阀及减压器阀。

f. 当真空表针由$9.33×10^4$Pa回复到0位时,关闭氮气(N_2)铜阀,再开启真空泵阀,按上述操作重复二次,以除去残余氧气。

g. 再按"4、5"操作,按需要比例通入氮气(N_2)、氢气(H_2)、二氧化碳(CO_2)。

h. 真空表指针回复到0位时,即将铜瓶阀门关闭,再次检查,所有气阀需一律关闭。

i. 在已放有接种之培养基的罐门上,挂一标牌,注明放物日期,并在化验单上也注明罐体号。

(4)恒温恒湿箱 外形:立式,温度范围:10~50℃,相对湿度范围:50%~95%(图实6-5)。

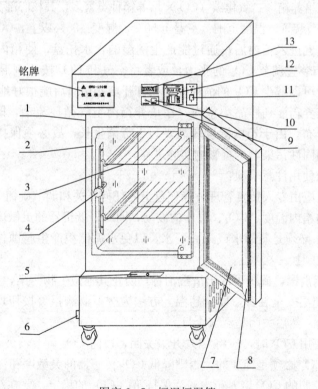

图实6-5 恒温恒湿箱
1. 箱体 2. 钢化玻璃门(内门) 3. 隔板 4. 内门旋钮拉手 5. 控湿水箱
6. 放水口及塞子 7. 外箱门(外门) 8. 外门磁性封条 9. 低水位报警器
10. 湿度开关 11. 电源开关 12. 控温仪 13. 湿度控制仪

①结构与原理:

a. 箱体及外箱门采用优质钢板,表面喷塑;内门采用6mm钢化玻璃,不用开门即能清晰观察到箱内培养物；工作室采用光亮不锈钢板，内设2~4层搁档使两块供放培养物的隔板随意放置；工作室与内门钢化玻璃之间装有硅胶密封圈，以保证工作室密封；工作室与箱体之间采用发泡聚氯乙烯硬板保温。

b. 恒温循环系统由风机、电加热器、制冷蒸发器、导风板等组成。

c. 采用模块式制冷装置，制冷方式为强迫对流，具有安全、稳定、升降温快等特点。

d. 湿度控制仪安置在箱体顶部，采用高精度、高可靠性的湿度传感器采样；湿度发生器安装在箱体底部，增湿点安装在工作室内。

e. 电源开关、电源指示灯及微电脑智能控温仪均安装在箱体顶部，设定温度和箱内温度均有数字显示。

②注意事项：

a. 水箱中一定要加蒸馏水或无离子水，并定时加水；根据使用情况，需定期清洗水箱。

b. 培养箱若长距离移动或倾斜过，请过12h后再开机使用。

c. 培养箱停用一段时间后，重新使用前，请关闭湿度开关，在水箱放水塞下接一空盛水器，拔下塞子将箱内陈水放掉并清洗水箱，重新加入新纯净水或蒸馏水。

③用途：适用于培养霉菌等湿度要求高的微生物。

(5) 二氧化碳培养箱　二氧化碳（CO_2）培养箱种类繁多，其核心部分是CO_2调节器、温度调节器及湿度调节装置。温度范围：室温至50℃，湿度：95%以上，CO_2范围：0%~20%。

①原理：当空气进入箱内后，通过能产生潮湿的含水托盘，使箱内湿度维持在适当水平。通过CO_2调节装置调节CO_2的张力，或者将空气和CO_2按比例混合来调节CO_2的张力，CO_2调节装置可以减少CO_2的消耗并且在打开培养箱门后能很好地控制和恢复CO_2的含量，使气体由培养箱灌到样品小室内，在培养箱内空气循环流动，既能保持CO_2水平，又能使空气均匀分布。由于箱内湿度较高，利于霉菌生长，故必须保持箱内整洁，进行消毒，否则将带来顽固性污染，严重影响实验进程。

②CO_2培养箱使用注意事项：

a. CO_2培养箱应由专人负责管理，操作盘上的任何开关和调节旋钮一旦固定后，不要随意扭动，以免影响箱内温度、CO_2、湿度的波动，同时降低机器的灵敏度。

b. 所加入的水必须是蒸馏水或无离子水，以免水垢储积产生腐蚀作用。经常检查并补充箱内水，每年必须换一次水。

c. 箱内应定期消毒，搁板可取出清洗消毒，防止其他微生物污染，导致实验失败。

d. 定期检查超温安全装置，以防超温。方法为按下监测报警按钮，转动固定螺丝，直到超温报警装置响，然后关闭超温安全灯。

e. 如长期不使用CO_2时，应将CO_2开关关闭，以防CO_2调节器失灵。

f. 所使用的CO_2必须是纯净的，否则降低CO_2传感器的灵敏度和污染CO_2过滤装置。

g. 在无湿度控制的CO_2培养箱内，为保持箱内CO_2的稳定，要在箱内底层放入一个盛水的容器。

③用途：主要用于组织细胞、病毒的培养以及奈瑟菌、布氏杆菌等细菌的初次分离培养。

5. 电冰箱（冰箱）　电冰箱根据制冷温度和用途分为普通冰箱、低温冰箱和超低温冰箱。后两种分别有立式和卧式两种，在使用时要有专人管理，定期清理厚冰层，尽量避免开闭次数。

（1）普通冰箱　普通冰箱是微生物实验室最常用的仪器之一，用于短时保存培养基、菌种、血清以及检验标本等的一种制冷设备。冷藏室温度一般可维持在0～10℃之间，冷冻室温度0～－20℃。

（2）低温冰箱　一般温度控制范围在－20～－40℃之间，适宜于存放血清、含病毒材料等。

（3）超低温冰箱　温度控制范围一般在－70℃以下，适宜于存放毒种、病毒材料和放射标记材料等。在夏季室内气温高时要特别注意通风，房间内应有降温设备，否则冰箱将长时间工作从而缩短使用寿命。

6. 电热恒温水浴箱（水浴箱）　电热恒温水浴箱一般为不锈钢或铜等金属制的长方形箱，箱体为两层壁结构，外壳用薄钢板，内壁用薄钢或铜皮制成，夹层中充以隔热材料以防散热。箱内盛水，电热加热，采用螺旋管式温度控制器，温度范围37～65℃（有的可至100℃）。侧室一般位于其右边。箱盖制成斜面，便于水蒸气所凝成的水滴沿斜面流下，避免落入箱内物品中。

此仪器一般用于培养基、血清学反应及分子微生物学试验的加温及恒温。

7. 紫外线灯　紫外线是一种低能量的电磁辐射，可杀死多种微生物。革兰阴性菌最为敏感，其次是革兰阳性菌，再次为芽胞，真菌孢子对其抵抗力最强。

紫外线杀菌机理：直接破坏微生物的核酸及蛋白质等而使其灭活，间接通过紫外线照射产生的臭氧杀死微生物。

紫外线杀菌力强而且稳定，其中以265～266nm波长的紫外线杀菌作用最强。医学上常使用紫外灯进行消毒。但紫外线穿透力弱，不能透过普通玻璃和有色纸张等，因此，只适用于直接照射的物体表面消毒或空气消毒。

紫外灯是微生物学实验室一种常用的空气、物体表面消毒设备。用法简单，效果好。消毒效果同紫外灯的辐射强度和照射剂量呈正相关，辐射强度随灯距离增加而降低，照射剂量和照射时间呈正比。因此紫外灯同被照射物的距离和照射时间要适合。离地面2m的30W紫外灯可照射9m²房间，天天照射2～3h，期间可间隔30min。灯管离地面2m以外要延长照射时间，2.5m照射效果较差。紫外灯照射工作台的距离不应超过1.5m，照射时间30min为宜。

紫外灯不仅对皮肤、眼睛产生伤害，而且对目的微生物、培养细胞及试剂等也产生不良影响，因此，要关闭紫外灯再进行实验操作。

8. 灭菌器

（1）流通蒸汽灭菌器　简称蒸汽灭菌器。其原理是使用流通蒸汽达到灭菌的目的。其最高温度达100℃，适用于不耐热的物质，如橡胶，含牛乳、糖类培养基，组织培养基，香菇、蘑菇等食用菌培养基等。使用流通蒸汽灭菌法的注意事项：

①温度上升至一定程度，一般为沸点后，应持续一定时间，通常30～60min，然后将灭菌材料取出。

②如果灭菌对象不耐热而又欲杀灭其中的芽胞，应采取间歇灭菌法。即材料取出冷却后应置于温箱内使材料中的芽胞萌发发芽转化成营养体，第二天再灭菌1次，取出冷却并又置于温箱内使材料中残留芽胞萌发发芽转化成营养体，第三天再灭菌1次，便可达到很好的灭

菌效果。

（2）高压蒸汽灭菌器 高压蒸汽灭菌器（图实6-6）是迅速而可靠灭菌的一种设备。

①构造及原理：为一个双层的金属圆筒，两层之间盛水。外层为坚厚的金属板，其上有金属厚盖；盖上有安全阀和放气阀以调节锅内蒸汽压力，气压或温度表盘以指示内部压力和温度以及手柄，盖旁有螺旋，借以扣紧厚盖，厚盖与锅体之间为密封圈，使蒸汽不能外溢。灭菌器内装有带孔的金属搁板，用以放置待灭菌物品。加热后，随着锅内蒸汽压力的升高，水的沸点也增高，此外，随着压力的增高，热的穿透力也加强。锅内蒸汽压力与锅内温度的关系见表实6-2。

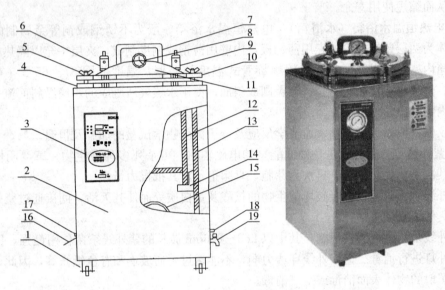

图实6-6 数显立式压力蒸汽灭菌器

1.脚轮 2.外壳 3.面板 4.下法兰 5.蝶形螺母 6.安全阀 7.胶木柄 8.压力表（温度表） 9.放气阀 10.上法兰 11.容器盖 12.灭菌网篮 13.外筒 14.搁角 15.电热管 16.电源线 17.保险丝 18.放气管 19.放水阀

表实6-2 不同蒸汽压力所能达到的温度

蒸汽压力			温度（℃）
kPa	lb/in²	kgf/cm²	
33.78	5	0.35	108.8
54.04	8	0.57	113.0
67.55	10	0.70	115.6
101.33	15	1.00	121.3
135.10	20	1.46	126.2
168.88	25	1.77	130.4
202.66	30	2.10	134.6

②使用方法：

a.在外层锅内加蒸馏水适量，将需要灭菌的物品放入内层锅，盖上锅盖，对好上、下法兰,并对称上好扭紧螺旋。

b. 合上电源开关,加热使锅内产生蒸汽,当压力表指针达到 33.78kPa,即 5 磅,约 108℃时,断开电源,打开放气阀,将冷空气排出,此时蒸汽压力表指针下降,当指针下降回落至零时,将排气阀关好。可如此重复 2~3 次,直至锅内冷气排完。

c. 继续加热,锅内蒸汽增加,压力表指针又上升,当锅内温度增加到所需时,按灭菌物品的特点,使温度持续所需一定时间,然后将灭菌器电源断掉,让其自然冷却至室温后再慢慢打开排气阀以排出余气,然后才能开盖取物。

③注意事项:

a. 锅内所加水必须是蒸馏水或无离子水,以防水垢蓄积产生腐蚀作用;并及时更换新水。

b. 锅内待灭菌物品不宜放置过紧,否则灭菌效果不佳;锅内冷空气排放必须彻底,否则压力虽达到,但实际温度并未达到所需温度,影响灭菌效果。

c. 高压灭菌完毕后,不可强行放气减压,须待灭菌器内压力自然降至与大气压相等后才可开盖。另外瓶装液体进行高压蒸汽灭菌时,瓶塞应插通气针头或线绳,以平衡气压,否则瓶内液体会剧烈沸腾,冲掉瓶塞而外溢甚至导致容器爆裂。

d. 为防冷凝水进入试管或试剂瓶,应在装培养基或试剂的容器塞子,如棉塞、硅胶塞、橡胶塞等上包上脱脂纱布或牛皮纸。

e. 为了确保灭菌可靠,应定期检查灭菌效果,常用的检测方法是将硫磺粉末(熔点为 115℃)或苯甲酸(熔点为 120℃)置于试管内,然后进行灭菌实验。如上述物质熔化,则说明高压蒸汽灭菌器内的温度已达要求,灭菌的效果是可靠的。也可将检测灭菌器效果的专用胶纸(其上有温度敏感指示剂)贴于待灭菌的物品外包装上,如胶纸上指示剂变色,亦说明灭菌效果可靠。

f. 现在已有微电脑或自动控制的高压蒸汽灭菌器,下有排气阀,可自动排尽冷气,灭菌时可自动恒压定时,灭菌完毕,自动将已灭菌的物品烘干,使用起来非常方便和安全。

④用途:高压蒸汽灭菌法为最常用的灭菌方法,一般 101.33kPa、121.3℃维持 15~30min,即可达到灭菌的目的。凡耐高温和潮湿的物品,如普通培养基、0.9%氯化钠(NaCl)、工作服、衣服、纱布、玻璃器材、手术器械、凡士林、液体石蜡等都可用本法灭菌。而不耐高温的,如各种糖培养基、胶质器材、塑料器材等,可采用 54.04~67.55kPa、约 113~115℃持续 10~15min,即可达到灭菌的目的。

(3) 电热鼓风干燥箱(干烤箱) 电热恒温干燥箱俗称干烤箱。如今采用智能数码芯片,模糊控制,强制对流技术的新型电热恒温鼓风干燥箱(图实 6-7),广泛应用于大专院校、科研院所、医疗机构、厂矿企业等单位物品的干燥、灭菌、烘焙以及熔蜡等。

①构造及原理:外形分台式和立式两类。主要由箱体、电热器和温度控制仪三部分组成。

a. 箱体:由箱壳、箱门、恒温室、进气孔、排气孔和侧室组成。箱壳用不锈钢板制成,箱壁一般分为三层,三层板之间形成内外两个夹层。外夹层中大多填充玻璃纤维或石棉等隔热材料;内夹层作为空气对流层。烤箱的箱门均为双层门,内门为玻璃门,用于在减少热量散失的情况下观察所烘烤物品,外门用于隔热保温。有些干燥箱在外门中间开一双层玻璃窗,便于在不开箱门的情况下观察烤箱的内部情况。最内层(镜面)不锈钢板所围成的室为恒温室，即工作室，内设 2~4 层搁档使两块供放物品的网状隔板随意放置。温度控制器的感温部分从左侧壁的上部伸入恒温室内，底部夹层中装有电热丝，在箱体的底部或侧面和顶部各有一进、排气孔，在排气孔中央插入一支温度计，用以指示箱内的温度。侧室一般设在箱体的左边，与恒温室隔开，除了电热丝外的所有电器元件，如开关、指示灯、温度控制器、鼓风机等均安装在侧室内，打开侧室门可以很方便地检修电路。

b. 电热器：电热恒温干燥箱的加温设备通常由四根电热丝并联而成，与普通电炉相似，电热丝均匀地盘绕在耐火材料烧成的绝缘板上，总功率一般在 1~8kW 之间。

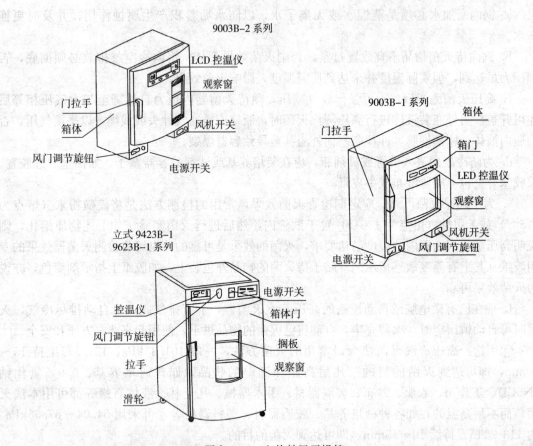

图实 6-7　电热鼓风干燥箱

c. 温度控制仪：干烤箱内的温度是由温度控制器控制的，其基本原理是当恒温箱内的温度超过设定温度时，温度调节器使电路中断，自动停止加热；当温度低于设定温度时，又使电路恢复，温度即上升，从而达到恒温效果。温度范围：10~300℃。

d. 干燥箱设有风机开关，根据不同需要可以选择鼓风或不鼓风。

②使用方法：待灭菌的物品干燥，包装好后，将其置烤箱内，闭门通电，待温度上升至 140~160℃后，维持 2~3h 即可。

③注意事项：

a. 待灭菌的玻璃器材必须先充分干燥，否则灭菌时间长，耗电过多，且玻璃器材有炸裂的危险。

b. 箱内放置物品不宜过多过紧，否则灭菌效果不佳甚或达不到灭菌效果。

c. 灭菌温度不得超过170℃，否则包装纸、包装线绳、棉花等易燃品将被烧焦甚至出现安全隐患。

d. 灭菌后应待干烤箱内温度下降至与外界温度相近时，方可打开箱门，否则温差太大，将导致玻璃器材炸裂，另外有引起易燃品起火的危险，且箱内的热空气快速溢出，易导致操作者皮肤灼伤。

④用途：玻璃器材、金属器械等（手术器械及针头例外）、滑石粉等耐高温而且需要干燥的物品，可用干烤箱进行干热灭菌。

9. 滤菌器 滤菌器是由孔径极小且能阻挡不同大小微生物通过的陶瓷、硅藻土、石棉或玻璃砂等制成。种类很多，常用的有下列几种。

（1）赛氏滤菌器 赛氏（Seitz）滤菌器由三部分组成。上部为金属圆筒，下部为金属托盘及漏斗（图实6-8），上部的金属圆筒用以盛装需要过滤除菌的液体，下部的金属托盘及漏斗用以接盛滤出的液体；上下两部分中间放石棉滤板，滤板孔径大小可分三种：K滤孔最大，供澄清液体之用；EK滤孔较小，供滤过除菌；EK-S滤孔更小，可阻止一部分较大的病毒通过。依靠侧面附带的紧固螺旋对滤板进行固定。

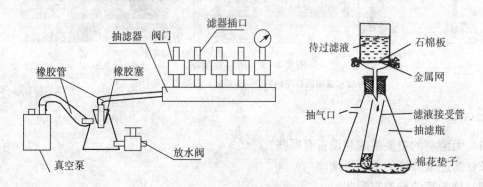

图实6-8 赛氏滤菌器

（2）贝克菲滤菌器 贝克菲滤菌器是用硅藻土加压制成的空心圆柱体，底部连接金属托盘，托盘中央有金属导管，金属导管插入橡胶塞，以便装在抽气瓶上，在圆柱体外，有玻璃套筒，用以盛放被滤液体。根据滤孔孔径大小可分为三型：V型，只除去大部分细菌；N型，能除去所有细菌，但病毒能通过；W型，能除去一部分大病毒；一般除菌使用N型。

（3）玻璃滤菌器 玻璃滤菌器的滤板采用细玻璃砂在高温加压条件下制成，性状如同平底漏斗，孔径由0.15～250μm不等，分为G1、G2、G3、G4、G5、G6六种规格，号数越大，孔径越小。G5及G6两种规格的玻璃滤器能阻挡细菌通过。

（4）薄膜滤菌器 由塑料制成，早年产品为可拆卸的可重复利用设计，近年来多是一次成型生产的，供一次性使用（图实6-9）。滤菌器薄膜采用优质纤维滤纸经一定工艺加压制成，孔径0.2μm，能阻挡细菌通过。

①使用用法：

a. 各部件预先高压灭菌。将清洁的滤菌器（赛氏滤菌器、薄膜滤菌器须先将石棉板、或滤菌薄膜放好，螺旋拧牢）、滤瓶分别用包装纸，如牛皮纸包好，高压蒸汽灭菌或干烤灭菌后备用。

b. 以无菌操作技术将滤菌器与滤瓶装好，且使滤瓶的侧管与缓冲瓶相连，最后将缓冲瓶与抽气机连接好。

c. 将待过滤液体倒入滤菌器中，开动抽气机减低滤瓶中压力，滤液徐徐流入滤瓶中（量少时可事先在滤瓶中放试管接收滤液）。滤完，迅速按无菌操作要求将滤瓶中的滤液分装至无菌容器内保存。

d. 滤器经高压灭菌、洗涤、过酸、洗净灭菌后备用。

e. 薄膜滤菌器一般为一次性使用，使用时直接从无菌包装中取出，配以无菌注射器使用，使用完毕，经高压蒸汽灭菌后妥善处理。

②用途：用于除去不耐热液体如血清、腹水、溶液、某些药物中的细菌等微生物。

图实 6-9　薄膜滤菌器

（三种滤膜滤菌器自左到右分别为板式、注射器式和针头式）

三、思考题

(1) 无菌室的主要组成和设备有哪些？

(2) 简述紫外灯的杀菌机理。

(3) 培养箱的种类有哪些？

(4) 使用干烤箱灭菌时应注意哪些事项？

(5) 简述高压灭菌器的工作原理。

(6) 什么情况下采用间歇灭菌法？简述间歇灭菌法。

实验七
实验用品的清洗与消毒灭菌

一、实验目的要求
(1) 了解不同材质实验用品的清洗方法。
(2) 了解不同的消毒灭菌方法。
(3) 掌握常用的灭菌方法及其原理。

二、实验内容
(1) 清洗不同材质的实验用品。
(2) 对不同材质的实验用品进行干烤灭菌和高压蒸汽灭菌。

三、实验器材
1. 器皿 玻璃器皿、胶塞、塑料制品、毛刷、耐酸手套和围裙、包装纸、棉布、棉线、干热灭菌器、高压蒸汽灭菌器等。
2. 试剂 洗涤剂、2% NaOH 溶液、5% HCl 溶液、酸性洗液（由浓硫酸、重铬酸钾及蒸馏水配制而成，参见附录三，五）、消毒剂、蒸馏水等。

四、实验方法

1. 清洗
(1) 玻璃器皿的清洗 一般经过浸泡、刷洗、浸酸和冲洗 4 个步骤。
① 浸泡：新的或用过的玻璃器皿要先用清水浸泡、软化和溶解附着物。
新玻璃器皿先用自来水简单刷洗，然后用 5% HCl 溶液浸泡过夜；用过的玻璃器皿往往附有大量蛋白质和油脂，干涸后不易刷洗掉，故用后应立即浸入清水中以便刷洗；对于接触过微生物，特别是有害微生物，或被其污染的玻璃器皿必须先高压蒸汽灭菌（灭菌方法见实验六）或用高效消毒水浸泡，以免造成环境污染，威胁公共卫生等不良后果，然后再用自来水刷洗。
② 刷洗：将浸泡后的玻璃器皿放到洗涤剂水中，用软毛刷反复刷洗。刷洗时要注意两点：一是不宜用力过猛，以防破坏器皿表面的光洁度；二是不能留有死角，特别要注意瓶角等部位的洗涤。将刷洗干净的玻璃器皿洗净、晾干，准备浸酸。
③ 浸酸：浸酸是将上述器皿浸泡到酸性洗液中，通过酸液的强氧化作用清除器皿表面可能的残留物。浸酸时应将器皿轻轻放入，避免灼伤；还应使器皿内全部充满酸液，不留气泡；浸酸时间不应少于 6h，一般过夜或更长。放取器皿时要注意安全，须穿戴耐酸手套和围裙等。

④冲洗：刷洗和浸酸后的器皿都得用水充分冲洗。浸酸后器皿是否冲洗干净，直接影响到细胞培养等的成败。手工洗涤浸酸后的器皿，每件器皿至少要反复"注水—倒空"10～15次，最后用蒸馏水浸洗3～6次，晾干或50℃烘干后包装，140～160℃干烤灭菌2～3h（灭菌方法见实验六）或121℃高压蒸汽灭菌30min（灭菌方法见实验六）备用。

（2）胶制品的清洗　胶制品主要是瓶塞和试管塞，如硅胶塞、橡胶塞。

新胶塞带有大量滑石粉及杂质，应先用清水清洗；其次，用2% NaOH或洗衣粉水煮沸10～20min，自来水冲洗10～15次；再次，用1% HCl浸泡30min，自来水清洗10～15次；最后用蒸馏水浸洗3～6次，晾干或50℃烘干。

旧胶塞不必用酸碱处理可直接用洗涤剂煮沸和清洗数次，过蒸馏水，晾干或50℃烘干。

对于接触过微生物，特别是有害微生物，或被其污染的玻璃器皿必须先115℃高压蒸汽灭菌10min（灭菌方法参见实验六）或用高效消毒水浸泡，以免造成环境污染，威胁公共卫生等不良后果，然后再清洗。

所有胶塞洗净、晾干或50℃烘干后，均可包装并高压灭菌后备用。

（3）塑料制品的清洗　塑料制品具有质软、易出现划痕，耐腐蚀能力强、但不耐热的特点。现多是采用无毒并已经特殊处理的包装，打开包装即可用，多为一次性物品。必要时用2% NaOH浸泡过夜或115℃高压蒸汽灭菌10min，用自来水充分冲洗，再用5% HCl溶液浸泡30min，最后用自来水和蒸馏水冲洗干净，晾干备用。

2. 包装　对物品进行消毒灭菌前，要进行严密包装，以便消毒和贮存。常用的包装材料有牛皮纸、硫酸纸、棉布、脱脂纱布、棉线、试管、铝饭盒、较大培养皿等，近几年用铝箔包装，非常方便，适用。

3. 消毒灭菌　微生物污染是造成许多试验，如微生物培养、细胞培养等失败的主要原因。消毒灭菌的方法很多，但每种方法都有一定的适应范围。如常用的过滤除菌系统，紫外照射，电子杀菌灯，乳酸、甲醛熏蒸等手段消毒实验室空气；多用新洁尔灭、来苏儿、"84"消毒液消毒实验室台面及地面；常用干热、湿热灭菌法，消毒剂浸泡法，紫外照射法等消毒灭菌实验用器皿；采用高压蒸汽灭菌或过滤除菌方法消毒培养液。

（1）物理消毒

①紫外线消毒：参见实验六。

②高温消毒：高温灭菌法可分为干热灭菌法和湿热灭菌法。干热灭菌法又可分为火焰灭菌法、热空气灭菌法和焚烧灭菌法；湿热灭菌法包括煮沸法、流通蒸汽灭菌法、巴氏消毒法和高压蒸汽灭菌法。下面介绍微生物实验室常用的几种。

a. 火焰灭菌法：直接通过酒精灯火焰灼烧，杀死全部微生物。灭菌对象有限，且要求耐高温，如接种环（针）、试管口、载玻片等。

b. 热空气灭菌法：参见实验六。

c. 高压蒸汽灭菌法：参见实验六。

③滤过除菌：是将液体或气体用微孔薄膜过滤，使大于孔径的细菌等微生物颗粒阻留，从而达到除菌目的。适用此法除菌消毒的液体大多是遇热易变性而失效的试剂或培养液，如血清、组织细胞培养液等。

（2）化学消毒　化学消毒剂种类很多，其作用原理也不完全相同，一般地，一种化学消毒剂对微生物的影响常以其中一方面为主，兼有其他方面的作用。常用化学消毒剂的种类、作用原理及用途见表实 7-1。

表实 7-1 常用化学消毒剂

类别	作用原理	消毒剂名称	浓度（g/100mL）及用途
酸类	氢离子的解离作用妨碍微生物细胞代谢；酸性环境使微生物体蛋白变性沉淀	氯化氢 乳酸 醋酸（食用醋）	1%～5%溶液用于塑料、胶制品浸泡消毒 空气消毒（喷雾或熏蒸），1～1.5mL/m³ 室内空气熏蒸消毒可预防感冒，3～5mL/m³
碱类	氢氧离子的解离作用妨碍微生物细胞代谢；碱性环境使微生物体蛋白变性沉淀	氢氧化钠（火碱、苛性钠） 生石灰	2%～5%溶液用于塑料、胶制品浸泡消毒，较高浓度的用于地面、墙壁等的消毒 5%～10%石灰水用于地面、粪便等的消毒
醇类	改变细胞膜通透性从而干扰其正常功能；使微生物体蛋白变性沉淀	乙醇（酒精）	70%～75%溶液（V/V）用于皮肤、体温计、器械等物体表面消毒
酚类	改变细胞膜通透性从而干扰其正常功能。	苯酚（石炭酸） 来苏儿	0.5%用于防腐剂，5%用于地面、墙壁、桌面、空气、器皿等消毒 2%～5%空气消毒，皮肤、器械、操作表面及不耐热器皿进行擦拭或浸泡消毒
醛类	改变微生物体蛋白构型使蛋白变性；与蛋白氨基酸残基结合发挥还原作用	甲醛	1%～5%溶液喷洒，浸泡器皿、用具；40%溶液（福尔马林），10mL/m³ 气体熏蒸无菌室、接种室、接种箱、孵化器等室内空气
重金属盐	与微生物酶的功能基（如SH基）结合而改变或抑制其活性；使微生物体蛋白变性	升汞 硫柳汞	0.01%溶液用于手臂消毒；0.05%～0.1%溶液用于玻璃器皿、非金属器械表面的消毒，植物组织（如根瘤）表面消毒 0.01%溶液用于生物制品等的防腐剂；0.1%溶液用于皮肤消毒
氧化剂	使微生物酶发生氧化而失活性；使微生物体蛋白变性	高锰酸钾 过氧乙酸 过氧化氢（双氧水）	0.1%～0.3%溶液用于皮肤、水果、蔬菜、用具、器皿等消毒 0.2%～0.5%溶液用于塑料、玻璃、皮肤等消毒；3%～10%溶液熏蒸（33～10mL/m³ 或 1g/m³）或喷雾 3%溶液清洗伤口、口腔黏膜消毒
卤族元素	以卤化作用破坏酶的功能基而抑制酶活性	漂白粉（次氯酸钠、氯化钙、氢氧化钙的混合物） 碘酊（碘酒）	1%～5%溶液用于用具、容器、卫生间等消毒；5%～20%溶液用于动物圈舍、饲槽、车辆等消毒；较低度浓度溶液可用于饮水消毒 2%～5%碘酒溶液用于手术部位、注射部位的消毒
表面活性剂	改变细胞膜通透性从而干扰其正常功能	新洁尔灭 杜灭芬（度米芬/消毒宁） 洗必泰（氯乙定/双氯苯双胍己烷） 消毒净	0.01%～0.05%溶液用于黏膜消毒；0.1%～0.2%溶液广泛用于手、臂、器械、种蛋、不耐热器皿等的消毒；0.2%～2%用于动物圈舍喷雾消毒 0.05%溶液用于食品厂、奶牛设备、器具消毒；0.1%～0.5%喷洒、浸泡金属器械（按0.5%加亚硝酸钠以防生锈） 0.02%溶液消毒手臂；0.05%溶液用于创面、圈舍、手术室、器具等的消毒；0.1%用于手术器械、食品厂器具等的消毒 0.1%～0.05%溶液常用于手、皮肤、黏膜、器械等的消毒
烷化剂	能与微生物体蛋白发生烷化	环氧乙烷（氧化乙烯）	高效消毒剂，可杀灭所有微生物；穿透力强，常用于皮革、塑料、医疗器械、医疗用品包装后进行消毒或灭菌

化学消毒剂可单独使用，也可配合使用，配合使用常见的有：

①碘酒：用于注射、手术、局部感染等的皮肤局部消毒。动物用碘酒的配制参见附录三，二十二。

②福尔马林及高锰酸钾空气熏蒸消毒：

方法：关闭门窗，自动气化消毒。

用量：（福尔马林10mL＋高锰酸钾5g）/m^3，即每立方容积需用福尔马林10mL、高锰酸钾5g。

［注］福尔马林是40％甲醛溶液（V/V，即水60mL＋甲醛40mL）。

（3）抗生素消毒　抗生素主要用于消毒组织细胞培养液，是细胞、病毒培养过程中预防微生物污染的重要手段，也是微生物污染不严重时的"急救"措施。不同抗生素杀灭微生物的种类、效力不同，应根据需要酌情选择。抗生素溶液的配制参见附录三，十四、十五。

五、思考题

(1) 简述玻璃器皿的清洗程序。

(2) 对胶质实验用品用什么方法进行消毒灭菌？为什么？

(3) 需要通过滤过除菌的方法进行消毒的液体有何特点？

实验八 培养基的制备

一、实验目的要求

(1) 掌握培养基配制的原理。
(2) 了解培养基的种类。
(3) 熟悉基础培养基的制备方法。
(4) 熟悉常用培养基的包装及灭菌方法。

二、实验内容

(1) 普通肉汤培养基、普通琼脂（营养琼脂）培养基的制备。
(2) 对所制备的培养基进行包装和高压蒸汽灭菌。

三、培养基基本知识和原理

培养基是天然的或人工配制的，适合微生物生长繁殖或产生代谢产物的营养基质。

无论是以微生物为材料的研究，还是利用微生物进行生产，如生产生物制品、饲料，加工畜产品，酿酒等，都必须进行培养基的配制，它是微生物学研究和生产的基础。培养基是依据微生物的营养需要和代谢要求而配制的，必须满足微生物生长繁殖所需的碳源、氮源、灰分元素等以及环境条件。下面介绍培养基配制的常用物质及其作用，培养基的种类。

1. 基本营养物质

(1) 水 水是微生物细胞的重要组成成分，包括结合水和游离水，而且，水是微生物进行新陈代谢的溶媒，故应提供给微生物足够的水分营养。配制培养基时，应使用蒸馏水。

(2) 蛋白胨 是蛋白质的降解产物，其中含有蛋白胨、蛋白䏡、多肽及氨基酸等，主要为微生物提供氮素营养。由于蛋白胨是两性物质，所以具有缓冲作用，可维持培养基 pH 的稳定。

(3) 牛肉浸液或牛肉膏 为牛肉的水浸出液或其浓缩物，为微生物提供碳素、氮素和灰分元素营养以及生长因子。

(4) 盐类 一般用氯化钠和磷酸盐，提供给微生物灰分元素营养。更重要的是氯化钠兼有调节渗透压的作用；而磷酸盐则兼有缓冲作用，可维持培养基 pH 的稳定。

2. 特殊需要物质

(1) 生长因子 常用的有血液、血清、酵母浸膏等，其中含有特殊微生物所需的生长因子。

(2) 糖类及醇类 有许多种类，常用的有葡萄糖、乳糖、蔗糖、麦芽糖、甘露糖、山梨糖、果糖、鼠李糖、海藻糖、棉籽糖、甘露醇等。作为微生物的碳源而取代牛肉膏，通过观察微生物对其利用情况和发酵现象而进行微生物的生化特性鉴定。

（3）明胶　是一种动物蛋白质，由动物的筋腱等组织提取而成。温度低于20℃时，明胶凝固成凝胶状，某些细菌分泌胶原酶，分解明胶为多肽，进而分解成氨基酸，使明胶失去凝固性而呈液体状。通过明胶液化试验可进行微生物的生化特性鉴定。

3. 附加物质

（1）凝固剂　又称固形剂。是一类不被所培养的微生物分解利用，而使培养基呈固体状的物质。常用的凝固剂有琼脂（agar）、明胶（gelatin）和硅胶（silica gel）。对大多数微生物而言，琼脂是最理想的固形剂，它是由海产石花菜（属于藻类）中提取的一种高度分支的复杂多糖。琼脂在90℃时能溶化于水，温度降至45℃及以下时则凝固成凝胶状。固体培养基可用于微生物的分离培养及纯培养等。

（2）指示剂　通过观察培养基中指示剂颜色或其他反应而判断培养过程中微生物对特定物质的利用或转化情况，进而认识鉴定微生物。常用的指示剂有酚红、复红、溴甲酚紫、铅盐、铁盐等等。

（3）抑菌剂　有利于目的菌生长，而抑制其他菌生长，便于微生物的增菌、分离和鉴别培养。常用的抑菌剂有胆盐、孔雀绿、煌绿、亚烯酸盐等。

4. 培养基分类　培养基的种类繁多，分类依据各异，如据其成分、物理性状和用途等均可将培养基分成多种类型。

（1）根据成分不同　根据成分不同可将培养基分为天然培养基、合成培养基、半合成培养基3类。

①天然培养基（complex medium）：这类培养基的主要成分是化学成分还不清楚或不恒定的复杂天然有机物质，如马铃薯、豆芽汁、牛肉膏、蛋白胨、血清、麦麸、稻谷糠、稻草粉等，所以又称非化学限定培养基（chemically undefined medium）。天然培养基配方方便、成本较低、营养丰富，除实验室常用外，也适合于工农业大规模微生物培养生产。实验室常用的有牛肉膏蛋白胨培养基、马铃薯培养基、豆芽汁培养基、基因克隆所用LB（Luria-Bertain）培养基等。

②合成培养基（synthetic medium）：这类培养基是用化学成分完全了解的纯试剂配制而成的培养基，也称化学限定培养基（chemically defined medium）。如高氏Ⅰ号培养基，察氏（或查氏）（Czapek）培养基等。一般用于营养代谢、分类鉴定、菌种选育、遗传分析等。合成培养基的化学成分清楚，组成成分精确，重复性强，但价格较贵，而且微生物在这类培养基中生长较慢。

③半合成培养基（semisynthetic medium）：在天然有机物的基础上适当加入已知成分，如葡萄糖、无机盐类等，或在合成培养基的基础上添加某些天然成分而制成的培养基即为这类培养基，如培养霉菌用的马铃薯葡萄糖琼脂培养基。半合成培养基能更有效地满足微生物对营养物质的需要。

（2）根据物理性状　根据物理性状可将培养基分为固体培养基、半固体培养基和液体培养基3种。培养基的物理性状是由是否含凝固剂及凝固剂含量来决定。

①液体培养基（liquid medium）：培养基中未加凝固剂。如普通肉汤培养基、0.1%蛋白胨水培养基。

②半固体培养基（semisolid medium）：培养基中含有凝固剂但含量比固体培养基低，如进行细菌生化试验所用的各种糖发酵培养基，其中琼脂含量一般为 0.2%～0.7%（为 W/V，即 g/100mL）。

③固体培养基（solid medium）：在液体培养基中加入一定量的固形剂，使其成为固体状态即为固体培养基。如普通琼脂培养基，其中琼脂含量一般为 1.5%～3%（W/V，即 g/100mL）。除在液体培养基中加入凝固剂制备的固体培养基外，一些由天然固体基质制成的培养基也属于固体培养基。例如：由马铃薯块、胡萝卜条、小米、麸皮及米糠等制成固体状态的培养基就属于此类。经处理的用于生产单细胞蛋白饲料的稻糠、谷糠、木屑、树枝粉、玉米芯粉、麦秆草粉等。

（3）根据用途　根据用途可将培养基分为基础培养基、营养培养基、增菌培养基、选择培养基、鉴别培养基和厌氧培养基等。

①基础培养基（basal medium）：这类培养基含多数细菌生长繁殖所需的基本营养成分。常用牛肉膏、蛋白胨、NaCl、磷酸盐、蒸馏水配制，如经常用到的普通肉汤培养基、普通琼脂培养基、0.1%蛋白胨水培养基等。基础培养基除可用于培养营养要求不高的微生物外，也是制备特殊培养基的基础。

②营养培养基（nutrient medium）：这类培养基是在基础培养基成分的基础上，另外再添加其他营养成分，如葡萄糖、乳糖、血液或血清等。常用的如血琼脂培养基。

③增菌培养基（enrichment medium）：增菌培养基中含有的特殊成分，具有促进目的菌生长繁殖而抑制杂菌的作用，如亮绿胆盐—四硫磺酸钠肉汤对沙门菌和志贺菌有增菌作用。

④选择培养基（selective medium）：培养基中含有某种化学物质，对不同细菌分别产生促进或抑制作用，从而可从混含多种细菌的样品中分离或筛选出目的菌，即为选择培养基。可供选用的抑菌剂有胆盐、孔雀绿、煌绿、亚硒酸钠等。

⑤鉴别培养基（differential medium）：培养基中含有特定作用底物及产生显色反应的指示剂，根据颜色可识别细菌，即为鉴别培养基。

在实际中，鉴别与选择两种功能往往结合在一种培养基中。如麦康凯培养基（pH 7.2，培养基为淡黄色），含胆盐、乳糖及指示剂（每 100mL 加入 1%中性红水溶液 0.5mL）。其中，中性红 pH 感应范围 6.8（红色）～8.0（黄色）；胆盐有利于大肠埃希菌等肠道菌和沙门菌的生长，而能抑制 G^+ 菌的生长，起到了选择作用；大肠杆菌可发酵乳糖产酸，菌落呈红色，而其他菌，如沙门菌不发酵乳糖，其菌落颜色与培养基颜色相同。由此，麦康凯培养基用于肠道菌的分离与鉴定。

又如食品、饲料、动物性产品的大肠菌群检测时，所用的乳糖胆盐发酵管，其原理是类似的。

⑥厌氧培养基：是专供厌氧菌的分离、培养和鉴定的培养基。由于厌氧菌自身缺乏有氧代谢必备的各种酶，如细胞色素氧化酶、过氧化氢酶、过氧化物酶以及超氧化物歧化酶，无法在有氧环境中生长繁殖，必须为其提供营养丰富、氧化还原电位较低、具有特殊生长因子的专用培养基。通常用心、脑等脏器浸液配制厌氧培养基，并加入肝块、肉渣、硫羟代乙酸钠、半胱氨酸、葡萄糖、还原铁等还原剂。也可在培养基的表面加灭菌液体石蜡。

（4）其他分类　此外，还可根据培养基形态分为平板培养基、斜面培养基、高层琼脂

3种。

①平面培养基：将灭菌琼脂培养液倒入培养皿与三角烧瓶中凝固而成。用于菌种分离及研究菌类的某些特性。

②斜面培养基：将灭菌琼脂培养液注入试管，放置成斜面凝固而成。用于菌种扩大转管及菌种保藏。

③高层培养基：将琼脂培养基注入试管内，灭菌，但不摆成斜面。这样接入菌种后虽然发育的面小了一点，但培养基的厚度增大，营养丰富，时间长些也不容易干燥、开裂。常用于保存菌种。

四、实验器材

1. 器皿 容量缸（1 000mL、500mL）、天平、称量纸、三角瓶、试管、试管架、瓶塞、试管塞、玻璃棒、电炉、包装纸、橡皮筋或棉线、记号笔、高压蒸汽灭菌器等。

2. 试剂 牛肉膏、蛋白胨、氯化钠、磷酸氢二钾、琼脂粉、蒸馏水、1mol/L NaOH 溶液、1mol/L HCl 溶液、精密 pH 试纸等。

五、实验方法

1. 普通肉汤的制备

（1）配方

牛肉膏	3~5g
蛋白胨	10g
氯化钠	5g
磷酸氢二钾	1g
蒸馏水	1 000mL
pH	7.4~7.6

（2）制法

①确定欲制备培养基的总量，按配方中的比例分别正确计算出所需各种试剂的量。

②准确称取各试剂置于容量缸中，再向容量缸中加入蒸馏水至所要制备培养基总量刻度附近，并用玻璃棒缓慢搅拌。

③将容量缸放在电炉上的石棉网上进行加热，边加热边搅拌以便上述试剂充分溶化。

④所有试剂充分溶化后，将量调至要制备的总量刻度，并调节培养基 pH 7.4~7.6，若 pH 高于 7.6 则应用 1mol/L HCl 溶液调低 pH，若 pH 低于 7.4 则应用 1mol/L NaOH 溶液调高 pH。

⑤调好 pH 后继续缓慢加热煮沸 10~15min，补足水量，再测 pH，合适后方可分装。

⑥滤纸过滤，分装于中试管约三指（5~7cm 或 5~6mL）高。

⑦给盛培养基的试管塞好棉塞或硅胶塞，10 支试管一把，直立于实验台面用包装纸和橡皮筋包装好，并注明培养基名称、配制日期等。

⑧进行高压蒸汽灭菌，即 121℃ 15~20min。冷却后置普通冰箱冷藏室备用（必要时，可随机抽样 3 支进行无菌检验）。

2. 普通琼脂的制备

(1) 配方

牛肉膏	3~5g
蛋白胨	10g
氯化钠	5g
磷酸氢二钾	1g
琼脂	15~30g
蒸馏水	1 000mL
pH	7.4~7.6

(2) 制法

①计算：确定欲制备培养基的总量，按配方中的比例分别正确计算出所需各种试剂的量。

②称量：准确称取各试剂置于搪瓷容量缸中，再向容量缸中加入蒸馏水至所要制备培养基总量刻度附近，并用玻璃棒缓慢搅拌。

③溶化：将容量缸放在电炉上的石棉网上进行加热，边加热边搅拌以便上述试剂充分溶化。

④调pH：所有试剂充分溶化后，将量调至要制备的总量刻度，并调节培养基pH 7.4~7.6，若pH高于7.6则应用1mol/L HCl溶液调低pH，若pH低于7.4则应用1mol/L NaOH溶液调高pH。

⑤定容：调好pH后继续缓慢加热煮沸10~15min，补足水量，再测pH，合适后方可分装。

⑥过滤及分装：多层脱脂纱布或脱脂棉过滤，分装于中试管约三指（试管的1/3高处或每管装入5~6mL）高以供制作斜面培养基；分装于中试管约2/3高处（每管装入12~15mL）做高层琼脂之用；分装于三角瓶以倾倒平板培养基。

⑦包装：给盛培养基的试管塞好棉塞或硅胶塞，10支试管一把，直立于实验台面用包装纸和橡皮筋包装好，并注明培养基名称、配制日期等；给盛培养基的三角瓶塞好棉塞或硅胶塞，再用包装纸或脱脂纱布及橡皮筋或棉线绳在塞子上包好，并注明培养基名称、配制日期等。

⑧灭菌：进行高压蒸汽灭菌，121℃ 15~20min。灭菌后，趁热可将供作斜面培养基的试管摆放在实验台面等水平面上，并将试管口端支起约2cm高，以斜面高度不超过试管底端2/3高处为宜，如此斜放凝固即成斜面培养基；三角瓶内的可无菌操作倒入无菌平皿内凝固即成平板培养基；试管高层琼脂直立凝固即成高层培养基。冷却后置普通冰箱冷藏室备用。

六、注意事项

(1) 所用试剂必须纯净，否则所制备的培养基不透明清亮，影响培养性状观察；补救措施是在分装前用滤纸、多层脱脂纱布或脱脂棉进行过滤。

(2) 由于牛肉膏黏稠易黏在称量纸上，故先称取蛋白胨垫在牛肉膏的下面，同时称取试剂要迅速准确，以免试剂受潮。

(3) 按培养基要求准确调整pH。

(4) 所用器皿必须洁净，不含抑制微生物生长的物质，常用搪瓷容量缸，忌用铁、铜、铝等材质器皿。

(5) 培养基的灭菌温度和时间，应按照各类培养基的规定进行，以保证灭菌效果及不破坏营养成分；灭菌后，必须抽样放在恒温培养箱中37℃，培养24h，无菌生长者方可使用。

七、思考题

(1) 培养基配制的依据是什么？
(2) 根据用途可将培养基分为哪几类？
(3) 普通琼脂培养基用哪些物质配制而成，各有何作用？
(4) 以普通琼脂培养基为例，简述培养基制备的一般程序。
(5) 制备培养基应注意哪些事项？

实验九
细菌的分离培养与移植

一、实验目的要求

(1) 了解细菌分离培养与移植的目的,并熟悉其技术。
(2) 掌握细菌平板划线分离培养法的基本要领和方法。
(3) 掌握细菌的需氧培养方法。
(4) 了解厌氧培养方法。

二、实验内容

(1) 细菌的平板划线分离培养。
(2) 细菌的需氧培养与厌氧培养。
(3) 细菌的纯培养与移植。

三、基本知识和原理

为了研究细菌的生物学特性,对其进行鉴定,必须学会细菌分离培养与移植的操作方法。

对细菌进行需氧培养还是厌氧培养,这取决于细菌的呼吸类型。细菌使得代谢基质发生一系列氧化还原反应,以释放能量,供细菌生命活动利用的生物化学过程,称为细菌的呼吸(respiration)。呼吸作用是细菌新陈代谢的一部分,包括物质代谢和能量代谢。细菌通过分解代谢来进行产能代谢。

细菌的呼吸作用是由酶来催化进行的。一种细菌只具有一定种类和数量的呼吸酶,而且酶又具有专一性,故一种细菌只能进行一定类型的呼吸作用,同时,产生一定的代谢产物,这具有种的特征,在微生物鉴定和生产上均有实际意义。

简而言之,由于细菌所含呼吸酶种类和数量的不同,使其在呼吸过程中对分子状态氧(游离状态氧)的利用也就不同,据此,可将细菌的呼吸分为需氧呼吸、厌氧呼吸和兼性呼吸3种类型。

1. 需氧呼吸(aerobic respiration) 是指能利用分子氧来完成基质氧化的呼吸作用。进行需氧呼吸的细菌称为需氧菌(aerobic bacteria)。这类菌在有氧环境中才能生长繁殖。

2. 厌氧呼吸(anaerobic respiration) 系指不能利用分子氧来完成基质氧化的呼吸作用。进行厌氧性呼吸的细菌,称为厌氧性细菌,简称厌氧菌(anaerobic bacteria)。这类菌在有氧环境中不但不能生长繁殖,而且氧对其有害。

3. 兼性呼吸(facultative respiration) 系指在有氧或无氧的条件下均能进行的呼吸作

用。参与这类呼吸的酶系更为复杂。这类菌称为兼性细菌。大多数细菌为兼性菌。

由于需氧呼吸在一定量的呼吸基质中能获得更多的能量，所以，兼性菌在可能的情况下，还是尽可能地进行需氧呼吸。

四、实验器材

1. 常规器皿　接种环、接种针、试管架、酒精灯、载玻片、火柴、记号笔、普通恒温培养箱、普通光学显微镜、干燥器、平皿底或盖、香柏油、擦镜纸、二甲苯、染色盒、染色缸、染色架、洗瓶、灭菌的凡士林、消毒剂等。

2. 染色液及试剂　美蓝染色液、焦性没食子酸、NaOH 或 KOH 等。

3. 培养基　普通琼脂平板、普通琼脂斜面管、普通肉汤管、肝片肉汤管、高层琼脂管等。

4. 细菌材料　带细菌的各种材料，如食物、饮料、饲料、动物组织及脏器、动物分泌物或排出物等等；不同细菌纯培养物的混合材料，如大肠杆菌普通肉汤培养物和金黄色葡萄球菌普通肉汤培养物的混合物；细菌纯培养物，如大肠杆菌普通肉汤培养物或普通琼脂斜面培养物，金黄色葡萄球菌普通肉汤培养物或普通琼脂斜面培养物等。

五、实验方法

1. 需氧菌的分离培养法

(1) **分离培养**　分离培养的目的在于获得细菌菌落，观察菌落性状，对可疑菌作出初步鉴定。平板划线分离法是分离培养最常用的方法，操作如下：

①右手持接种环于酒精灯上烧灼灭菌，待冷却。

②用灭菌接种环无菌操作取细菌材料（样品）适量。

③左手持平板时，中指、无名指和小指共同平托平皿，拇指和食指将平皿盖进酒精灯一侧揭开，以平皿盖与培养基平面成 30°角为宜，不得超过 45°角，以免空气中的杂菌造成污染。

④将已取材料的接种环伸入平皿中划线涂布材料于平板培养基表面的一角，然后以腕力或转动平皿的方式分别在平板表面轻快地分区划线，可将平板划分为 3~5 个区域。划线时以 25°角为宜，角度过小和重复划线不易得到菌落，而形成菌苔；角度及用力过大会划破培养基。

⑤划线涂布结束，将培养皿盖好，烧灼接种环。

⑥在培养皿底部边缘贴签，注明材料编号、日期等。

⑦倒置于普通恒温培养箱中，37℃培养 18~24h，观察结果。

(2) **纯培养**　对所分离菌（可疑菌）要进一步认识鉴定需要用其纯培养物作为材料进行大量的试验。将其菌落移植于琼脂斜面进行培养，所得培养物即纯培养物。操作如下：

①将上述划线分离培养的平板从培养箱中取出，仔细观察菌落性状。

②挑选典型菌落并做记号，取该菌落少许，经细菌抹片、染色及镜检，证明不含杂菌便可将该菌落剩余部分进行试管琼脂斜面移植。

③右手执接种环并于酒精灯火焰上灼烧灭菌，左手执划线分离培养的平板并于酒精灯火焰附近打开，用接种环挑取所选菌落。

④左手盖好平皿后立即取琼脂斜面管并斜执之。使管身略向上倾斜，管口靠近酒精灯火焰，管底部位于拇指与食指之间，拇指靠近食指一侧以便斜面正面曝露于视线。

⑤右手小指和无名指松动并拔出管塞夹在两指之间，将管口火焰灭菌并靠近火焰，立即将已挑取菌落的接种环伸入管内培养基斜面底部，勿碰及斜面和管壁，从斜面底部到斜面顶端进行蛇形划线，管口火焰灭菌，塞好管塞。

⑥接种完毕，灼烧灭菌接种环，待冷却后放回原处。

⑦在斜面管壁上注明菌号、日期等，置普通恒温培养箱中，37℃培养 18～24h。

(3) 细菌的移植

①平板到试管斜面移植：同上述纯培养方法。

②试管斜面到试管斜面移植。

a. 左手斜执菌种管和琼脂斜面培养基管，一般菌种管放于灯焰一侧，两管口并齐靠近酒精灯焰，管身略向上倾斜，管底部置于拇指与食指之间，拇指靠近食指一侧以便斜面正面暴露于视线下。

b. 右手松动管塞以便接种时容易拔下。

c. 右手执接种环，无菌操作，将两管塞夹在右手掌侧和小指之间一同拔出，或右手小指和无名指并齐夹住拔出两管塞，拔出的管塞应夹在手上。

d. 将管口火焰灭菌并靠近火焰，立即将接种环伸入菌种管挑取少许后抽出接种环并立即伸入琼脂斜面培养基管的斜面底部，后面按纯培养方法进行接种、培养等。

③普通肉汤移植：普通肉汤培养可以观察细菌的液体培养性状。液体培养性状也是鉴别细菌的依据之一。此外，为了提高从食品、饮料、饲料、土壤、动物分泌物或排泄物以及病料等材料中分离或筛选细菌的几率，在用平板培养基进行分离培养的同时，多用普通肉汤或其他增菌培养基做增菌培养。

方法同试管斜面移植，挑取少许菌落或菌苔，迅速伸入肉汤管内，在接近液面的管壁轻轻研磨，并蘸取少许肉汤调和，使细菌游离混合于肉汤中。

④半固体移植：半固体培养基用穿刺法接种，方法与试管斜面移植类似。不同的是用接种针无菌操作挑取细菌，在培养基表面中部自上而下垂直刺入培养基底部，然后沿原路径抽出接种针。

2. 厌氧菌的分离培养法 在有氧环境中，厌氧菌不能生长繁殖。只有降低环境中的氧分压，使其氧化还原电位下降到一定值，厌氧菌才能生长，如破伤风梭菌，在氧化还原电位下降到 0.11V 时，才开始生长。以下是几种常用的厌氧培养方法。

(1) 烛缸二氧化碳培养法（蜡烛耗氧法） 利用蜡烛燃烧消耗封闭干燥器内的氧气，产生二氧化碳，密闭干燥器内形成厌氧环境。此法形成的厌氧环境很难保证，培养操作过程不便。

(2) 厌氧罐培养法 可严密封闭的罐子，应用物理或化学方法造成厌氧环境。

(3) 焦性没食子酸法 利用焦性没食子酸在碱性溶液内能大量吸氧的原理进行厌氧培养。如干燥器法，或称玻璃罐法，每 $100cm^3$ 容积用焦性没食子酸 1g，10%NaOH 或 KOH 溶液 10mL。操作如下：

①正确计算容器（如干燥器）的容积。

②根据容积，按上述比例准确称量各试剂。

③将取量好的10%NaOH或KOH溶液注入干燥器底部；将称好的焦性没食子酸放入平皿底或平皿盖中，并将其轻轻漂浮于干燥器中的碱液面上。

④放好隔板，将接种好并注明的平板或试管置于隔板上。

⑤将干燥器盖盖好并密封。可事先在罐口和罐盖边缘涂抹一层灭菌的凡士林以提高密闭性。

⑥轻轻摇动干燥器，使平皿沉没到碱液中以便焦性没食子酸与碱液混合。

⑦将干燥器置普通恒温培养箱中，37℃培养2~3d，观察结果。

(4) 厌氧肉肝汤（肝块肉汤）法或疱肉肉汤法 厌氧肉肝汤和疱肉肉汤的配制分别参见附录二之（九）、（十一）。肝块或肉渣中含有丰富的谷胱甘肽和不饱和脂肪酸，前者可发生氧化还原反应，降低环境中的氧化势能，后者可吸收环境中的氧；同时，肉汤液面上覆盖有液体石蜡可隔绝外界空气从而形成一个适合于一般厌氧菌培养的厌氧环境。操作如下：

①试验前先将培养基煮沸10min，迅速置冷水中冷却以排除其中的空气。

②接种时，使肉汤液面露出间隙即可接种。

③接种完毕，塞好管塞，火焰灭菌接种环。

④试管壁上注明菌号、日期等，直立置普通恒温培养箱中，37℃培养2~3d。

移植时，可用移液器或1mL灭菌吸管吸0.5mL该肉汤培养物至另一管中；也可用接种环取多量移植到另一管中。

(5) 共栖培养法 将厌氧菌和需氧菌共同培养在一个平板培养基上，需氧菌将环境中的氧气消耗，厌氧菌则得以生长繁殖。方法如下：

①在同一平板培养基上，一半接种耗氧能力强的需氧菌，如枯草杆菌、蜡样芽胞杆菌等，另一半接种厌氧菌。

②接种好后，将平皿倒扣于一块灭菌的玻璃板上，并用石蜡密封。

③倒置普通恒温培养箱中，37℃培养2~3d。

(6) 高层琼脂法 加热融化试管高层琼脂并冷却至约45℃，接种厌氧菌；塞好管塞，轻轻振摇试管使菌种混于培养基中后，立即直立于冷水中使琼脂培养基凝固；置普通恒温培养箱中，37℃培养2~3d。厌氧菌在近试管底部区域生长。

(7) 厌氧产气袋（bio-bag）法 即在塑料袋内造成的厌氧环境中培养厌氧菌。塑料袋透明透温而不透气，内装有厌氧产气装置（其中有硼氢化钠和碳酸氢钠混合固体、5%柠檬酸安瓿、钯催化剂、干燥剂、指示剂）。将接种好的培养皿、试管等，以及剪开的厌氧产气袋放入塑料袋后，迅速尽量挤出塑料袋内空气，密封袋口。柠檬酸和碳酸氢钠反应生成柠檬酸钠、二氧化碳和水，另外硼氢化钾（钠）和水反应生成氢气，在钯粒的作用下氢气和氧气反应生成水，从而除去氧气，提供厌氧环境。有成品销售。

厌氧状态的指示剂：美蓝或刃天青。无氧时均呈白色（或无色），有氧时美蓝呈蓝色，刃天青呈粉红色。

(8) 厌氧盒法 原理同厌氧产袋法，有成品销售。

(9) 厌氧手套箱 见实验六培养法。如今厌氧菌培养的最佳仪器之一，在厌氧环境中连续进行接种、培养、鉴定等全部工作。适合厌氧菌大量培养。

【备注】分离培养厌氧菌失败的原因：

①培养前未直接涂片镜检。

②标本在空气中放置太久或接种操作时间过长，一般要求 20~30min，最长不超过 2h。

③未用选择性培养基。

④未用新鲜配制的培养基。各种琼脂平板要求当天配制或放在充有二氧化碳的容器中，4℃冰箱保存，1~2d 用完；液体培养基用前煮沸 10min，以驱除溶解的氧，并迅速冷却，立即接种。

⑤培养基中未加必要的补充物质，如降低氧化电位的物质、吸收氧气的物质、阻碍氧气溶入的物质等。

⑥初代培养应用了硫乙醇酸钠作为唯一厌氧菌培养基，厌氧菌不同所适宜的厌氧菌培养基也有所不同。

⑦无合适的厌氧环境设备或厌氧装置漏气。

⑧催化剂失活。

⑨培养时间不足，一般需 48h 以上。

⑩厌氧菌的鉴定材料有问题。

六、实验报告

(1) 按本实验指导要求的报告格式认真完成实验报告。

(2) 实验结果描述所分离菌的菌落性状（参见实验十）、液体培养性状（参见实验十）以及形态特征等。

七、思考题

(1) 细菌平板划线分离法操作过程中应注意哪些事项？

(2) 细菌分离培养时，将可疑菌落进行纯培养之前应该做什么，为什么？

(3) 在用平板培养基进行分离培养的同时，为何常用普通肉汤进行增菌培养？

(4) 未知菌分离培养时，进行需氧培养还是厌氧培养，为什么？

实验十
细菌培养性状观察与运动性检查

一、实验目的要求

（1）了解细菌培养性状。
（2）掌握观察细菌培养性状的要点。
（3）掌握细菌运动性检查的方法。

二、实验内容

（1）观察细菌固体培养性状。
（2）观察细菌液体培养性状。
（3）细菌运动性的检查。

三、基本知识和原理

每种生物都有其特殊的生物学特征，细菌和其他微生物一样，在适宜的条件下能够进行生长繁殖，并表现出一定的生长特性，有助于细菌等微生物的鉴定。

认识细菌、研究细菌的生物学特性、鉴定细菌等，都必须学会观察细菌的培养特性。细菌在固体培养基、半固体培养基和液体培养基中的生长特性是不同的。在固体培养基上可形成菌落，故固体培养性状即菌落性状。

菌落（colony）是指一个微生物细胞（包括细菌芽胞、真菌孢子）在适宜的条件下于合适的固体培养基上生长繁殖所形成的一团独立的肉眼可见的微生物子代群体（图实 10-1）。当众多菌落连成一片时，便称为菌苔（lawn）。不同微生物在特定培养基上形成的菌落或菌苔一般都有稳定的特征，可以作为认识微生物、微生物分类、鉴定的重要依据。大多数原核微生物以及许多真菌（如酵母菌）能在固体培养基上形成菌落。

鞭毛菌可以运动，由于鞭毛在菌体的着生部位和数量的不同，细菌运动方式则有直线运动（一端鞭毛菌）、无规则缓慢运动和滚动（周毛菌）。这不同于液体流动引起的细菌漂移及胶体分子间的布朗运动。这也是细菌种、型鉴定的重要依据之一。

图实 10-1 细菌菌落
（平板划线分离培养法所得到的菌落）

四、实验器材

1. 常规器皿 接种环、接种针、试管架、酒精灯、载玻片、凹玻片、盖玻片、凡士林、火柴、记号笔、普通恒温培养箱、普通光学显微镜、擦镜纸、消毒剂等。

2. 培养基 普通琼脂平板、半固体琼脂管、普通肉汤管等。

3. 菌种 大肠杆菌普通肉汤培养物、金黄色葡萄球菌普通肉汤培养物;细菌运动性检查幼龄菌培养物。

五、实验方法

1. 细菌培养特性观察

(1) 细菌菌落性状观察 各种细菌的菌落性状是不同的(图实 10-1,图实 10-2),主要观察以下 9 个方面:

①大小:菌落大小度量方式:横径(直径);度量单位 mm。

菌落直径<0.5mm,为微小菌落,肉眼不易观察到,需要用放大镜或解剖显微镜观察,如支原体菌落。

菌落直径 0.5~1mm,为小菌落,如布氏杆菌、猪丹毒丝状菌、嗜血杆菌等的菌落。

菌落直径 1~3mm,为中等菌落,如大肠埃希菌、沙门菌、巴氏杆菌等的菌落。

菌落直径>3mm,为大菌落,如炭疽芽胞杆菌菌落等。

②形状:圆形、不规则形(根状、树叶状等)。

③边缘:整齐、不整齐(锯齿状、卷发状、花瓣状、虫蚀状等)。

④表面:光滑、湿润、粗糙(毛玻璃状、同心圆状、油煎蛋状、放射状、皱缩状、颗粒状等)。

⑤隆起度:隆起、轻度隆起、中央隆起、扁平、凹陷状等。

⑥色泽:无色、灰白色、白色、红色、金黄色等。

⑦透明度:透明、半透明、不透明。

⑧质地:柔软、黏稠、油脂、脆、坚硬。

⑨溶血性:完全溶血、不完全溶血、不溶血。

a. 完全溶血:即 β 型溶血,菌落周围有透明溶血环。

b. 不完全溶血:即 α 型溶血,菌落周围有半透明带绿色溶血环。

c. 不溶血:即 γ 型溶血,菌落周围无溶血环。

(2) 细菌液体培养性状观察 细菌普通肉汤培养性状观察主要有以下 5 个方面:

①混浊度:程度——强度混浊、轻微混浊、透明;性状——均匀混浊、混有凝块或颗粒。

②沉淀:不形成沉淀;有沉淀物——颗粒状沉淀、絮状沉淀。

③肉汤表面:形成菌膜——厚膜状、薄膜状;形成菌环;形成漂浮状物。

④气体:气味。

⑤色泽。

2. 细菌的运动性检查

(1) 悬滴法

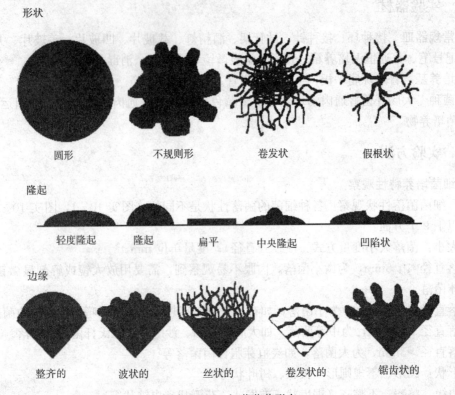

图实 10-2 细菌菌落形态

①取洁净凹玻片和盖玻片各一张置试验台面上，并于凹玻片凹窝周围涂抹适量凡士林或四角放一接种环蒸馏水或生理盐水。

②用灭菌接种环取细菌幼龄菌（15~18h 培养物）菌液置盖玻片中央。

③将凹玻片凹窝正对盖玻片并粘住盖玻片，再翻转凹玻片，盖玻片在凹窝之上，菌液液滴下悬。

④显微镜下检查。

⑤注意事项：

a. 检查的培养物应用幼龄菌（15~18h 培养物）。

b. 显微镜应置平坦台面，避免细菌向水流方向移动。

c. 细菌在寒冷环境中可减弱其运动力，故最好用刚从温箱中取出的培养物，并在温暖的环境下进行检查。

d. 由于细菌未经染色，视野光线不要太强，暗些效果好。

e. 注意区分细菌运动与分子运动。分子运动是一种震颤式运动，没有明显的位置改变，细菌运动则有明显的距离和位置的改变。

（2）压滴法

①取洁净载玻片一张置试验台面上，用灭菌接种环取细菌幼龄菌肉汤培养物（动物分泌或排泄液、粪便稀释液等）2~3 环于载玻片中央。

②用弯头小镊子夹一洁净盖玻片轻轻放下盖于菌液液滴上，以防产生气泡。

③显微镜下检查。

(3) 半固体琼脂穿刺培养法

①用灭菌的接种针蘸取待检材料，垂直穿刺接种于半固体琼脂（参见附录二）柱中，置温箱中 37℃培养 24h，取出观察。

②有运动性的细菌由穿刺线向四周扩散生长，使周围培养基变浑浊；无运动性的细菌沿穿刺线生长，培养基的周围仍保持清亮透明。

(4) 平板挖沟培养法

①取琼脂平板培养基，以无菌刀片在平板中心横过挖去一条 1cm 宽的琼脂条，使平板中间形成一条小沟。

②剪取一条 4cm×0.5cm 的无菌滤纸条。

③横跨于两边培养基上，使与沟相垂直。

④在滤纸条的一顶端接种待检细菌的纯培养物。

⑤置 37℃温箱中培养，每天观察生长情况，持续 7d，如接种端的隔沟对边生长出同样细菌，表示细菌有运动力。

六、实验报告

(1) 按本实验指导要求的报告格式认真完成实验报告。

(2) 实验结果描述所检查菌的菌落性状、液体培养性状以及有无运动性及运动方式。

七、思考题

(1) 细菌菌落性状观察的要点有哪些？

(2) 细菌液体培养性状观察的要点有哪些？

(3) 细菌为何具有运动性，细菌运动性的检查方法有哪些？

(4) 简述悬滴法检查细菌运动性应注意的事项。

实验十一
细菌的生理生化试验

一、实验目的要求

(1) 掌握细菌生理生化试验的原理。
(2) 加深对细菌生理生化试验意义的理解。
(3) 掌握常规细菌生理生化试验操作方法及结果判定。

二、实验内容

(1) 进行细菌生理生化试验。
(2) 观察细菌生理生化试验现象,并进行结果判定。

三、基本知识和原理

细菌由于种类的不同,其代谢能力,包括分解代谢和合成代谢以及所产生的代谢产物均有所不同。细菌在代谢过程中,往往同时形成多种代谢产物,有些对人和动物有益,有些则有害。细菌的这些分解代谢产物和合成代谢产物具有种的特异性,借此,我们可以认识细菌、鉴别细菌,进行动物性食品、饲料等的大肠菌群检查,还可以借此指导畜牧业生产活动,如酸奶、乳酒等畜产品的加工以及青贮饲料、益生菌添加剂等的生产。

四、实验器材

1. 器材 载玻片、接种环、接种针、试管架、酒精灯、火柴、记号笔、培养箱、消毒剂等。

2. 培养基及试剂 各种生理生化试验用培养基及试剂。

3. 菌种 待检细菌纯培养物。

五、实验方法

1. 糖发酵（分解）试验

(1) 原理　细菌种类不同,所具有的酶类及数量也不同,对糖的利用能力也不同,即便是同一种糖,有的细菌能发酵该糖产酸产气,有些细菌发酵该糖只产酸不产气,有些细菌则不能利用(分解)该糖。通常糖培养基中含有指示剂,通过指示剂颜色的变化可判断细菌是否分解某种糖或醇或碳水化合物。

(2) 培养基（参见附录二）

①需氧菌通常用邓亨（Dunham）蛋白胨水溶液＋琼脂（0.5%～0.7%）＋1.6%溴甲

酚紫酒精溶液＋特定糖或醇；市售各种微量糖发酵管更为方便。

②厌氧菌用含蛋白胨、NaCl、硫羟代乙醇酸钠＋1.6％溴甲酚紫酒精溶液＋特定糖或醇的高层半固体培养基。

（3）试验方法

①无菌操作，用接种针挑取待检菌琼脂斜面培养物适量穿刺接种于上述糖发酵管深部（勿刺到管底）。

②若试验菌，如巴氏杆菌、布氏杆菌等，营养要求高，则需要事先将糖培养基加热融化，加入几滴除菌马血清（或牛血清）摇匀，待凝固后再行接种。

③将接种管标注清楚置培养箱中，37℃培养 24～48h 观察结果。有的菌对某种糖的发酵比较迟缓，则需要培养较长时间，甚至 1 个月之久。

（4）结果判定及表示方式

①有些细菌分解某些糖（醇、苷），产酸（表示符号：＋）产气（表示符号：○），培养基由蓝变黄，并有气泡。用"⊕"表示。

②有些产酸不产气，仅培养基变黄，无气泡。用"＋"表示。

③有些不分解糖类，不产酸不产气，培养基仍为蓝色，无气泡。用"－"表示。

2. 吲哚（indol）（靛基质）**试验**

（1）原理 有些细菌，如大肠杆菌、变形杆菌等，能分解蛋白质中的色氨酸生成吲哚，吲哚与对位二甲基氨基苯甲醛作用，形成玫瑰红吲哚。

（2）培养基与试剂

培养基：邓亨蛋白胨水溶液（参见附录二）。

试剂：常用下列两种。

①欧立希（Ehrlich's）试剂：

    对位二甲基氨基苯甲醛 1g

    无水乙醇 95mL

    浓盐酸 20mL

先用乙醇溶解对位二甲基氨基苯甲醛后，加浓盐酸，避光保存。

②Kovac's 试剂：

    对位二甲基氨基苯甲醛 5g

    戊醇（或异戊醇） 75mL

    盐酸 25mL

先用乙醇溶解对位二甲基氨基苯甲醛后，加浓盐酸，避光保存。

（3）试验方法（试管法）

①无菌操作，用接种环挑取待检菌琼脂斜面培养物适量接种于邓亨蛋白胨水溶液管中。

②将接种管标注清楚置培养箱中，37℃培养 24～48h，可延长到 4～5d。

③沿试管管壁缓慢滴加欧立希试剂或 Kovac's 试剂于培养基液面上，观察。

（4）结果判定 在培养物与试剂接触处出现玫瑰红色为阳性反应；无红色，仍为淡黄色为阴性。

3. 甲基红试验（methyl red test，MR 试验）**/伏-波试验**（Voges-Proskauer test，V-P 试验）

(1) 原理

①MR 试验原理：有些细菌能分解葡萄糖产生丙酮酸，丙酮酸进一步被分解生成甲酸、乙酸、乳酸、琥珀酸等。甲基红是一种 pH 指示剂，其感应范围 pH4.4（红色）～6.2（黄色）。若细菌分解葡萄糖产酸量少，或所产酸进一步转化为其他非酸类物质（醇、醛、酮、气体和水等），则培养基的 pH≥6.2，故加入甲基红指示剂时，呈黄色，为阴性。

②V-P 试验原理：V-P 试验又名二乙酰试验。有些细菌如变形杆菌，则是分解葡萄糖产生丙酮酸，再将丙酮酸转化成乙酰甲基甲醇，乙酰甲基甲醇又被转化为 2,3-丁二烯醇；2,3-丁二烯醇在有碱（KOH）存在时被氧化成二乙酰，二乙酰和蛋白胨中精氨酸所含的胍基发生反应，生成红色化合物（肌酸、肌酐）。在培养基中加入少量含胍基的化合物（如肌酸、肌酐等）可加速此反应。在加 KOH 之前，先加 α 萘酚，也可提高实验的敏感性。

通常 MR 试验和 V-P 试验是密切相关的，如果一种细菌 MR 试验为阳性，则 V-P 试验为阴性；反之亦然。这个试验对区别大肠杆菌与肠杆菌特别重要。

(2) 培养基与试剂

①培养基：葡萄糖蛋白胨水溶液（参见附录二）。

②试剂：

a. M.R 试剂：甲基红　　　0.02g
　　　　　　　95％酒精　　60mL
　　　　　　　蒸馏水　　　40mL

b. V-P 试剂：

甲液：α 萘酚酒精溶液（其中含肌酸 3g/L）50g/L（配制：α 萘酚 5g，肌酸 0.3g，无水酒精 100mL）。

乙液：KOH 溶液 400g/L（配制：KOH 40g，蒸馏水 100mL）。

将甲液和乙液分别装于棕色瓶中，4～10℃保存。

(3) MR 试验方法

①无菌操作，将待检菌接种于葡萄糖蛋白胨水溶液管中，将接种管标注清楚置培养箱中，37℃培养 24～48h。

②在培养管中加入 MR 试剂几滴，观察反应结果。

③变红者为阳性反应；不变色（或橘色到黄色）则为阴性。

(4) V-P 试验方法

①无菌操作，将待检菌接种于葡萄糖蛋白胨水管中，将接种管标注清楚置培养箱中，37℃培养 24～48h。

②在培养管中加入甲液、乙液各几滴，并充分摇振培养管，以便试剂和培养物混匀，观察结果。

③在 15min 出现红色者为阳性反应；不变色者，将培养管于 37℃下放置 4h 后在进行观察，若仍不变色或仅仅呈淡褐色者则为阴性。

4. 石蕊牛乳试验

(1) 原理　牛乳富含营养，如高含量的乳糖和酪蛋白等，一般细菌均可在其中生长繁殖，但细菌不同，对这些物质的分解能力也有差异，通过指示剂便可观察到不同的反应。石蕊即为很好的指示剂，当 pH 为或接近 7.0 时显紫色，故石蕊牛乳培养基为紫色，所以称紫乳；当pH降至4.5时显红色；当pH升至8.3时显蓝色。石蕊也是一种氧化还原指示剂，可被还原为白色（无色），所以紫乳是用来测定被检细菌几种代谢性质的一种鉴别培养基。

（2）培养基与试剂

①培养基：加石蕊酒精饱和溶液于新鲜脱脂乳中，分装试管中，经流通蒸汽灭菌后备用，即为石蕊牛乳（紫乳）培养基（参见附录二）。

②试剂：石蕊酒精饱和溶液的配制：石蕊8g于40%酒精30mL中研磨，吸上清液，再加酒精研磨，吸上清液，如此连续2次。加40%酒精，总量100mL，并煮沸1min，取用上清液。必要时可加几滴1mol/L盐酸使呈紫色。

（3）试验方法　将被检菌接种于石蕊牛乳中，37℃培养1~7d。

（4）结果观察与判定

①若牛乳发生均匀凝固，石蕊变为红色，则细菌分解乳糖产酸。

②若牛乳发生凝固且裂成碎块，石蕊变为红色，则细菌分解乳糖产酸产气，且产气量较大，称此现象为"暴烈发酵"。如产气荚膜梭菌即属此类菌。

③若为紫色或蓝色，表示细菌不分解乳糖，而分解培养基中的含氮物质产生氨、胺等碱类物质，使培养基变为碱性。

④若石蕊被还原则无色，常出现在酸凝形成之后。

5. 硫化氢试验

（1）原理　有些细菌能分解含硫氨基酸，如半胱氨酸等，形成H_2S，H_2S与培养基中的铅盐或铁盐形成黑色的硫化铅或硫化铁。

（2）培养基　醋酸铅琼脂（参见附录二）、硫酸亚铁琼脂（参见附录二）、三糖铁琼脂斜面（参见附录二）。

（3）试验方法　将被检菌穿刺接种于上述培养基中，37℃培养24~48h或更长时间。

（4）结果判定　培养基变黑者为阳性，不形成黑色者为阴性。

6. 硝酸盐还原试验

（1）原理　有些细菌能将硝酸盐还原为亚硝酸盐，在酸性条件下，亚硝酸盐与对氨基苯磺酸作用后，再与α萘胺反应，最终形成红色偶氮化合物。

（2）培养基与试剂

①培养基：硝酸盐培养基，如硝酸钾蛋白胨水（参见附录二）。

②试剂：

甲液：对氨基苯磺酸　　　0.8g
　　　5mol/L 冰醋酸　　　100mL

先用5mol/L冰醋酸30mL溶解对氨基苯磺酸，再加冰醋酸至100mL。

乙液：α-萘胺　　　　　　0.5g
　　　5mol/L 冰醋酸　　　100mL

（3）试验方法

①将被检菌接种于上述硝酸盐培养基中，37℃培养24~48h或更长时间。

②分别加甲液和乙液各几滴，观察结果。

（4）结果判定

①在30s内出现红色则为阳性。需要注意的是，生长繁殖快、还原能力强的肠杆菌科细

菌，常常将亚硝酸盐进而分解成氨和氮，造成假阴性，故在培养期间应每天加试剂进行观察。

②若无红色出现，加少量锌渣，随后出现红色则为真正的阴性。这是因为锌也可以还原硝酸盐为亚硝酸盐，借此可区分假阴性反应和真阴性反应。

7. 尿素酶试验

（1）原理　有些细菌具有尿素酶，可分解尿素产生二氧化碳和氨，使培养基 pH 升高，呈碱性，指示剂酚红显示红色。

（2）培养基　尿素琼脂斜面（参见附录二）、尿素蛋白胨水。

（3）试验方法　将被检菌接种于上述尿素培养基中，穿刺斜面时，不要穿刺到底以便下部留作对照，37℃培养 4~18h（分解快）或更长时间（分解慢），观察结果。

（4）结果判定　培养基呈红色者为阳性，培养基不变色者则为阴性。

8. 氧化酶试验

（1）原理　有些细菌具有氧化酶，或称细胞色素氧化酶。属于细菌呼吸酶。该酶首先使细胞色素 C 氧化形成氧化型细胞色素 C，再使四甲基对苯二胺氧化产生有色的醌类化合物。巴氏杆菌为氧化酶阳性，大肠杆菌、沙门菌则为阴性。阳性菌者仅限于需氧菌。

（2）试剂　1% 盐酸四甲基对苯二胺溶液。

（3）试验方法与结果

①被检菌固体培养物：

a. 在一小块洁净滤纸上滴加试剂 2~3 滴，用牙签取细菌少许涂布于滤纸试剂上，5~10s 内由粉红到黑色者为阳性，15min 后可出现假阳性。

b. 将试剂少许直接滴加于菌落上，10~30s 内由粉红到深红再到黑色者为阳性。

②被检菌液体培养物：滴试剂于细菌肉汤培养物中，培养基液面呈红色为阳性。

（4）注意事项

①在进行试验时，应避免含铁物质，如接种环等，以免出现假阳性。

②试剂应新鲜配制。

③培养基中不要含葡萄糖，因为葡萄糖的发酵作用会抑制氧化酶的活性而造成假阴性结果。

9. 接触酶试验

（1）原理　有些细菌具有接触酶，即过氧化氢酶。属于细菌呼吸酶。过氧化氢（H_2O_2）的形成是糖需氧分解的氧化终末产物，由于 H_2O_2 的存在对细菌是有毒性的，细菌产生酶将其分解，消除了其毒性，这些酶是接触酶和过氧化物酶。这些酶能催化 H_2O_2 放出新生态氧，继而形成氧分子而产生气泡。

（2）试剂　新配制的 3% H_2O_2 溶液。

（3）试验方法

①于一载玻片的中央加 3% H_2O_2 溶液一滴，用接种环取被检菌适量放于 3% H_2O_2 液滴轻轻混合并注意观察。

②将 3% H_2O_2 溶液滴加到不含血液的细菌普通琼脂培养物上，立即观察结果。

（4）结果判定　半分钟内有气泡产生者为阳性，不产生气泡者为阴性。

10. 明胶液化试验

（1）原理　明胶是一种动物蛋白质。温度低于 20℃时，明胶凝固，某些细菌能合成并分泌胶原酶，分解明胶为多肽，进而分解成氨基酸，使明胶失去凝固性而呈液体状。

（2）培养基　明胶培养基（参见附录二）。

（3）试验方法

①用接种针取被检菌穿刺接种于明胶培养基中，22℃培养5~7d，观察明胶液化情况。

②有些细菌在22℃下生长极为缓慢甚或不生长，则可先放于37℃培养，再移置于4℃冰箱经30min后取出观察。

（4）结果判定　明胶液化，不再凝固时为阳性，明胶不液化者为阴性。

（5）注意事项

①温度低于20℃时，明胶凝固，高于24℃时，明胶则自行呈液化状态，故培养细菌时最好选择22℃。

②明胶耐热性能差，若在100℃以上长时间灭菌，能破坏其凝固性，在制备培养基时应注意。

11. 淀粉水解试验

（1）原理　有的细菌产生淀粉酶，可将淀粉分解为糖类，如麦芽糖。淀粉水解后，遇碘液不再呈蓝紫色。

（2）培养基与试剂

①培养基：淀粉琼脂培养基（参见附录二）。

②试剂：革兰碘液（参见附录一）。

（3）试验方法

①将细菌划线接种于3%淀粉琼脂平板上，37℃培养24h。

②取出上述培养皿，在菌落处滴加革兰碘液少许，观察。

（4）结果判定　菌落周边培养基呈蓝色，说明淀粉未被水解利用，则淀粉酶阴性；若细菌菌落周围有透明环，说明淀粉被水解利用，则淀粉酶阳性。

12. 枸橼酸盐利用试验

（1）原理　有些细菌能利用培养基中唯一的碳源——枸橼酸盐，也能利用培养基中唯一的氮源——铵盐，在代谢过程中，分解枸橼酸盐产生的碳酸盐与利用铵盐生成的氨，使培养基变碱性，培养基中的指示剂（溴麝香草酚蓝）便显示出相应的颜色（蓝色）。

（2）培养基　枸橼酸盐试验培养基，有Simmon（西蒙）枸橼酸盐琼脂斜面（参见附录二）和Christenten（柯氏）枸橼酸盐琼脂斜面（参见附录二）两种，任选一种进行试验。

（3）试验方法　将待检菌（纯培养物或单个菌落）划线接种在所选上述斜面培养基上，于37℃培养1~4d，逐日观察结果。

（4）结果判定　Simmon（西蒙）枸橼酸盐琼脂斜面上有细菌生长，培养基由绿变成蓝色为阳性，无细菌生长，颜色不变蓝色为阴性；Christinsen（柯氏）枸橼酸盐琼脂斜面呈红色为阳性，颜色不变为阴性。

六、实验报告

（1）按本实验指导要求的报告格式认真完成实验报告。

（2）实验结果列出试验菌生理生化试验结果。

七、思考题

(1) 用什么方式表示细菌糖发酵结果?
(2) 简述吲哚、硫化氢试验原理。
(3) 石蕊牛乳试验有哪几种结果?

实验十二
空气、水及人的微生物学检验

一、实验目的要求

(1) 了解微生物在自然界的分布情况。
(2) 了解空气中的微生物学检验方法。
(3) 掌握水中微生物学检验的意义、内容及方法。

二、实验内容

(1) 空气中微生物的检查。
(2) 手指表面微生物的检查。
(3) 人哈气的微生物检查。
(4) 水的微生物学检验。

三、基本知识和原理

自然界中，无论土壤、水（江海、湖泊等）、空气、堆肥、垃圾、腐败的有机物，还是地下石油层以及动物的体表和体内等都存在着种类不同数量不等的微生物。甚至在其他生物无法生存的极端环境中也存在着微生物。可以说，在自然环境中，微生物是无处不在，处处都有。其主要原因是微生物种类繁多、繁殖快；体积微小，易于借风和水等传播；营养类型多，能利用不同的基质；适应环境的能力强，可以在不同的环境中生长。

水源的检查和管理，在卫生学上十分重要。检查水中微生物的含量和病原微生物的存在，对人及动物健康有很重要的意义。水中含菌数太多表明水中有机物太多，水源污浊，不符合卫生标准。水中检出病原微生物则表明水源不安全，不能饮用。为了保障人和动物的健康，对供水水源应经常进行水的微生物学检查，但直接从水中检查病原微生物来证明水源安全与否是比较困难的。因为病原微生物在水中的存活时间不长，且数量少，不容易直接分离培养。因此，进行水的微生物学检验时，往往采用间接方法，即检查水中的细菌总数和总大肠菌群最可能数。

水中的菌落总数是指水样在营养琼脂培养基中于有氧条件下 37℃培养 48h 后，所得 1mL 水样的菌落总数（colony forming unit，CFU）。

总大肠菌群是指一群在 37℃培养 24h 能发酵乳糖、产酸产气、需氧和兼性厌氧的革兰阴性无芽胞杆菌。这一群细菌包括大肠杆菌属、枸橼酸菌属、肠杆菌属、克雷伯菌属中的一部分和沙门菌属肠道亚种的细菌。

水中的总大肠菌群最可能数是指 100mL 水中所含总大肠菌群的最可能数（most probable number，MPN）。

我国对生活饮用水的微生物学卫生指标规定是：菌落总数每 1mL 不超过 100 个，总大肠菌群最可能数每 100mL 不得检出。

四、实验器材

1. 常规器材　微型混合器（2 900r/min）、灭菌采水瓶、1mL 无菌吸管、10mL 无菌吸管、洗耳球、灭菌试管、无菌培养皿（直径 90mm）、试管架、酒精灯、火柴、记号笔、电炉、恒温水浴锅、培养箱、放大镜或菌落计数器、接种环、载玻片、普通光学显微镜、香柏油、消毒剂等。

2. 培养基及试剂　普通琼脂平板、高层琼脂管、乳糖胆盐发酵管（10 倍料管、3 倍料管、单料管）、伊红美蓝琼脂平板、灭菌生理盐水。各培养基均可参见附录二。

3. 染液　革兰系列染液。

4. 水样　自来水、河水等。

五、实验方法

1. 空气中的微生物学检验　空气中微生物的检查主要是检查单位体积空气中的细菌总数。方法如下：

①取普通平板数个，在室内周边和中部布放。

②将普通平板盖打开暴露于空气中约 10min，将盖盖好。

③注明后，置培养箱中，37℃培养 24～48h。

④对每个培养板进行菌落数计数，然后算出平均值，即为细菌数。

此方法简便易行，但只能相对说明空气中含菌情况，而不能精确计算一定容量空气中的含菌数及细菌种类。

2. 手指表面微生物的检查　手指表面和人哈气的微生物学检查的目的在于了解动物（包括人类）体表和体内存在着微生物，而且洗手与否、刷牙与否的试验结果将明显不同。方法如下：

①无菌操作，左手执琼脂平板并将平皿盖斜向打开。

②将右手 5 个手指分别伸入平皿中于琼脂平板培养基表面接种，盖好盖。

③注明后，置培养箱中，37℃培养 18～24h，观察结果。

注意事项：接种时，手指表面轻轻接触培养基表面即可，不要用力过大，以免将培养基穿破。操作前，一部分学生洗手，一部分不要洗手；或者同一学生将其右手拇指和食指清洗，其余 3 指不洗，以便得到不同试验结果进行比对。

3. 人哈气中微生物的检查　无菌操作，左手执琼脂平板并将平皿盖斜向打开，口腔对着平皿开口，向培养基表面哈气 3～5 次；注明后，置培养箱中，37℃培养 18～24h，观察结果。

4. 水的微生物学检验　检验方法可按照中华人民共和国国家标准《生活饮用水标准检查方法——微生物指标》（GB/T 5750.12—2006）进行。

（1）水中菌落总数测定

检验方法：稀释倾注平板计数法。

①自来水：

a. 采水样：采自来水样时，须先开水龙头放水几分钟，然后用灭菌容器，如瓶子、试管等采自来水样数毫升，盖好盖子或塞好塞子。自来水含细菌较少，可以不稀释。

b. 倾注平皿：用1mL灭菌吸管分别吸取2次1mL自来水样，分别注入2个灭菌平皿中；然后给每个平皿中注入一支已融化并冷却至45~50℃的高层普通琼脂，并于水平台面上轻轻旋转平皿，使水样与培养基充分混匀。

c. 培养：待完全冷却凝固后，翻转平板使底面朝上，置恒温培养箱中，37℃培养24h，观察计菌落数。

d. 菌落计数：用肉眼、放大镜、菌落计数器，对每一培养板中的菌落进行计数，并计算出2个培养板的平均菌落数。

e. 结果报告：由于自来水样没进行稀释，所以自来水的细菌总数（细菌数）就是2个培养板的平均菌落数。生活饮用水细菌总数每1mL不超过100个。

②河水、江水及其他水源水：

a. 采水样：将灭菌的采样瓶或取水瓶潜入水源10~15cm深处，掀开瓶塞或瓶盖，待水盛满后，塞好瓶塞，取出带回实验室检查。由于河水等水源水含菌较多，检查时需要进行稀释。

b. 水样稀释：用1mL灭菌吸管吸取原水样1mL注入盛有9mL灭菌生理盐水的试管中，轻轻摇振试管或反复吹吸使混合均匀，便得到1∶10稀释水样，按同样方法依次得到稀释度为1∶100、1∶1 000的稀释水样。如果水源污染较严重，则可一开始就稀释成1∶100或1∶1 000，然后按同样的方法进行10倍梯度稀释，便得到稀释度为1∶1 000、1∶10 000、1∶100 000的稀释水样。根据对水源污染情况的估计，选择三个连续稀释度。

c. 倾注平皿：选3个稀释度的水样，分别用1mL灭菌吸管吸取各稀释度水样1mL，分别注入3个已作好相应标记的灭菌平皿中，每个稀释度做2个平皿。然后给每个平皿中注入一支已融化并冷却至46±1℃的高层普通琼脂，并于水平台面上轻轻旋转平皿，使水样与培养基充分混匀。

d. 培养：待完全冷却凝固后，翻转平板，倒置于恒温培养箱中，37℃培养48h，观察并进行菌落计数。

e. 菌落计数：可用肉眼、放大镜、菌落计数器，对每一培养板中的菌落进行计数，并计算出每个稀释度2个培养板的平均菌落数。

f. 结果报告：结果按表实12-1举例方式报告。

表实12-1　稀释度选择及菌落总数报告方式

实例	不同稀释度的平均菌落数			两个稀释度菌落数之比	菌落总数（CFU/mL）	报告方式（CFU/mL）
	10^{-1}	10^{-2}	10^{-3}			
1	1 365	164	20	—	16 400	16 000 或 $1.6×10^4$
2	2 760	295	46	1.6	37 750	38 0000 或 $3.8×10^4$
3	2 890	271	60	2.2	27 100	27 000 或 $2.7×10^4$
4	150	30	8	2	1 500	1 500 或 $1.5×10^3$
5	多不可计	1 650	513		513 000	510 000 或 $5.1×10^5$
6	27	11	5		270	270 或 $2.7×10^2$
7	多不可计	305	12		30 500	31 000 或 $3.1×10^4$

Ⅰ. 若只有一个稀释度的平均菌落数在30～300个之间，则菌落总数（细菌总数）为该稀释度的平均菌落数乘以稀释倍数（表实12-1例1）。

Ⅱ. 若有两个稀释度的平均菌落数在30～300个之间，则视这两个稀释度的菌落总数的比值来决定水样菌落总数。若比值小于2，则菌落总数为这两个稀释度菌落总数的平均数（表实12-1例2）；若比值大于或等于2，则菌落总数为稀释度较小的菌落总数（表实12-1例3、例4）。

Ⅲ. 若所有稀释度的平均菌落数均大于300个，则菌落总数为稀释度最高的菌落总数（表实12-1例5）。

Ⅳ. 若所有稀释度的平均菌落数小于30个，则菌落总数为稀释度最低的菌落总数（表实12-1例6）。

Ⅴ. 若所有稀释度的平均菌落数均不在30～300个之间，则菌落总数为最接近300个或30个的平均菌落数乘以稀释倍数（表实12-1例7）。

Ⅵ. 菌落总数报告方式，菌落总数≤100个时，按实有数报告；菌落总数>100个时，采用二位有效数值，在二位有效数值后的数值，以四舍五入法计算。为了缩短数字后面的零数也可用10的指数来表示。见表实12-1中报告方式。

（2）水中总大肠菌群最可能数的测定

测定方法：国家规定的三步法——乳糖发酵试验、分离培养及复发酵试验（证实试验）。

①乳糖发酵试验：

a. 取10mL水样接种到10mL双料乳糖蛋白胨培养液管（参见附录二）中；取1mL水样接种到10mL单料乳糖蛋白胨培养液管（参见附录二）中；另取1mL水样注入9mL无菌生理盐水管中，混匀后吸取1mL（即0.1mL水样）接种到10mL单料乳糖蛋白胨培养液管中。每一稀释度接种5管。

对需经常检验的已处理过的自来水，可采用5管法。即5份10mL水样分别接种到5管10mL双料乳糖蛋白胨培养液管。

检验水源水时，应采用15管法。若水源污染较严重，应加大稀释度，可接种1、0.1、0.01mL，甚至0.001mL，每个稀释度接种5管单料管，每个水样共接种15管。

接种1mL以下水样时，必须做10倍递增稀释，然后取1mL接种，每递增稀释一次，换用1支灭菌刻度吸管或枪头。

b. 将接种管置恒温培养箱中，36±1℃培养24±2h。

c. 如所有乳糖蛋白胨培养管都不产气产酸，则可报告为总大肠菌群阴性；若有产酸产气者，则按下列程序进行。

②分离培养：

a. 将产酸产气的发酵管培养物分别转种于伊红美蓝琼脂（参见附录二）平板上，盖好平皿盖，并作相应标记（参考实验九中的方法进行）。

b. 置恒温培养箱中，36±1℃培养18～24h，进行观察（参考实验十进行）。

c. 观察菌落特征，挑选符合下列特征的菌落进行细菌抹片、革兰染色、镜检（参考实验三、实验一进行）和证实试验。

菌落呈深紫黑色、具有金属光泽；菌落呈紫黑色、不带或略带有金属光泽；菌落淡紫红色、中心色较深。

③证实试验（复发酵试验）：

a. 上述染色镜检为革兰阴性无芽胞杆菌者接种单料乳糖蛋白胨培养液管。

b. 置恒温培养箱中，36±1℃培养 24±2h。观察培养情况。

c. 有产酸产气者，即可报告该管总大肠菌群阳性。

④结果报告：根据证实为总大肠菌群阳性的管数，查 MPN 检索表，报告每 100mL 水样中的总大肠菌群的最可能数（MPN）值。5 管法结果见表实 12 - 2，15 管法结果见表实 12 -3。稀释样品查检索表所得结果应乘稀释倍数。如所有乳糖发酵管均阴性时，可报告总大肠菌群未检出。

表实 12 - 2　5 管法总大肠菌群 MPN 检索表

（总接种水样量 50mL，即 5 份 10mL 水样分别接种至 5 管 10mL 双料乳糖蛋白胨培养液中）

阳性管数	总大肠菌群最可能数（MPN）
0	<2.2
1	2.2
2	5.1
3	9.2
4	16.0
5	>16

六、实验报告

（1）按本实验指导要求的报告格式认真完成实验报告。

（2）仔细观察并描述试验结果，对实验数据进行科学统计分析得出结论并报告之，对试验结果进行分析讨论。

表实 12 - 3　15 管法总大肠菌群 MPN 检索表

（总接种水样量 55.5mL，其中 10mL、1mL、0.1mL 水样各 5 份）

接种量（mL）			总大肠菌群	接种量（mL）			总大肠菌群
10	1	0.1	(MPN/100mL)	10	1	0.1	(MPN/100mL)
0	0	0	<2	0	2	0	4
0	0	1	2	0	2	1	6
0	0	2	4	0	2	2	7
0	0	3	5	0	2	3	9
0	0	4	7	0	2	4	11
0	0	5	9	0	2	5	13
0	1	0	2	0	3	0	6
0	1	1	4	0	3	1	7
0	1	2	6	0	3	2	9
0	1	3	7	0	3	3	11
0	1	4	9	0	3	4	13
0	1	5	11	0	3	5	15

(续)

接种量（mL）			总大肠菌群	接种量（mL）			总大肠菌群
10	1	0.1	（MPN/100mL）	10	1	0.1	（MPN/100mL）
0	4	0	8	1	4	0	11
0	4	1	9	1	4	1	13
0	4	2	11	1	4	2	15
0	4	3	13	1	4	3	17
0	4	4	15	1	4	4	19
0	4	5	17	1	4	5	22
0	5	0	9	1	5	0	13
0	5	1	11	1	5	1	15
0	5	2	13	1	5	2	17
0	5	3	15	1	5	3	19
0	5	4	17	1	5	4	22
0	5	5	19	1	5	5	24
1	0	0	2	2	0	0	5
1	0	1	4	2	0	1	7
1	0	2	6	2	0	2	9
1	0	3	8	2	0	3	12
1	0	4	10	2	0	4	14
1	0	5	12	2	0	5	16
1	1	0	4	2	1	0	7
1	1	1	6	2	1	1	9
1	1	2	8	2	1	2	12
1	1	3	10	2	1	3	14
1	1	4	12	2	1	4	17
1	1	5	14	2	1	5	19
1	2	0	6	2	2	0	9
1	2	1	8	2	2	1	12
1	2	2	10	2	2	2	14
1	2	3	12	2	2	3	17
1	2	4	15	2	2	4	19
1	2	5	17	2	2	5	22
1	3	0	8	2	3	0	12
1	3	1	10	2	3	1	14
1	3	2	12	2	3	2	17
1	3	3	15	2	3	3	20
1	3	4	17	2	3	4	22
1	3	5	19	2	3	5	25

（续）

接种量（mL）			总大肠菌群	接种量（mL）			总大肠菌群
10	1	0.1	(MPN/100mL)	10	1	0.1	(MPN/100mL)
2	4	0	15	3	4	0	21
2	4	1	17	3	4	1	24
2	4	2	20	3	4	2	28
2	4	3	23	3	4	3	32
2	4	4	25	3	4	4	36
2	4	5	28	3	4	5	40
2	5	0	17	3	5	0	25
2	5	1	20	3	5	1	29
2	5	2	23	3	5	2	32
2	5	3	26	3	5	3	37
2	5	4	29	3	5	4	41
2	5	5	32	3	5	5	45
3	0	0	8	4	0	0	13
3	0	1	11	4	0	1	17
3	0	2	13	4	0	2	21
3	0	3	16	4	0	3	25
3	0	4	20	4	0	4	30
3	0	5	23	4	0	5	36
3	1	0	11	4	1	0	17
3	1	1	14	4	1	1	21
3	1	2	17	4	1	2	26
3	1	3	20	4	1	3	31
3	1	4	23	4	1	4	36
3	1	5	27	4	1	5	42
3	2	0	14	4	2	0	22
3	2	1	17	4	2	1	26
3	2	2	20	4	2	2	32
3	2	3	24	4	2	3	38
3	2	4	27	4	2	4	44
3	2	5	31	4	2	5	50
3	3	0	17	4	3	0	27
3	3	1	21	4	3	1	33
3	3	2	24	4	3	2	39
3	3	3	28	4	3	3	45
3	3	4	32	4	3	4	52
3	3	5	36	4	3	5	59

（续）

接种量（mL）			总大肠菌群	接种量（mL）			总大肠菌群
10	1	0.1	(MPN/100mL)	10	1	0.1	(MPN/100mL)
4	4	0	34	5	2	0	49
4	4	1	40	5	2	1	70
4	4	2	47	5	2	2	94
4	4	3	54	5	2	3	120
4	4	4	62	5	2	4	150
4	4	5	69	5	2	5	180
4	5	0	41	5	3	0	79
4	5	1	48	5	3	1	110
4	5	2	56	5	3	2	140
4	5	3	64	5	3	3	180
4	5	4	72	5	3	4	210
4	5	5	81	5	3	5	250
5	0	0	23	5	4	0	130
5	0	1	31	5	4	1	170
5	0	2	43	5	4	2	220
5	0	3	58	5	4	3	280
5	0	4	76	5	4	4	350
5	0	5	95	5	4	5	430
5	1	0	33	5	5	0	240
5	1	1	46	5	5	1	350
5	1	2	63	5	5	2	540
5	1	3	84	5	5	3	920
5	1	4	110	5	5	4	1 600
5	1	5	130	5	5	5	>1 600

七、思考题

(1) 微生物在自然界的分布如何？

(2) 结合本试验中手指表面微生物的检查结果，谈谈生活中勤洗手的意义。

(3) 简述水的微生物学检查的意义、内容。

(4) 我国对生活饮用水的细菌数、大肠菌群最可能数的卫生标准是如何规定的？

实验十三

饲料的微生物学检验

一、实验目的要求

(1) 掌握饲料中霉菌总数测定的原理及方法。
(2) 掌握青贮料中乳酸菌和腐败菌测定的原理及方法。

二、实验内容

(1) 饲料中霉菌总数的测定。
(2) 青贮料中乳酸菌的测定。
(3) 青贮料中腐败菌的测定。

三、基本知识和原理

根据霉菌生理特性，选择适宜于霉菌生长而不适宜于细菌生长的培养基，如高盐察氏培养基等，采用平皿计数方法，测定饲料中的霉菌数。

乳酸菌除发酵葡萄糖、蔗糖外，还具有一定的耐酸性（最适 pH 5.5~6.0）。后者是其他大多数细菌（最适 pH 7.0~7.6）所不具备的生理特质。采用乳酸菌选择培养基，即 MRS 培养基，采用平板计数方法，测定青贮饲料中乳酸菌数。

腐败菌产生胶原酶，可以分解明胶。明胶液化剂中的升汞和盐酸可使明胶发生白色沉淀反应。如果生长在明胶琼脂平板上的细菌产生胶原酶，菌落周围的明胶被分解，加入明胶液化试剂后这些菌落周围不会出现白色沉淀，而呈现透明圈。所以应用此原理，选用明胶琼脂培养基和明胶液化试剂，采用平板计数方法，测定青贮饲料中的腐败菌数。

四、实验器材

1. 常规器材 天平、灭菌采样瓶（广口瓶、三角瓶等）、振荡器（往复式）、微型混合器（2 900r/min）、1mL 无菌吸管、10mL 无菌吸管、灭菌试管、无菌培养皿（直径 90mm）、试管架、酒精灯、火柴、记号笔、水浴锅、恒温恒湿培养箱或霉菌培养箱、普通恒温培养箱、放大镜或菌落计数器、接种环、载玻片、普通光学显微镜、香柏油、消毒剂等。

2. 培养基及试剂 高盐察氏培养基（参见附录二）、乳酸菌选择培养基（MRS 培养基）（参见附录二）、明胶琼脂培养基和明胶液化试剂（参见附录二）、稀释液（无菌 PBS 液或生理盐水）。

3. 饲料样品 各种饲料。

五、实验方法

1. 饲料中霉菌总数的测定方法　检验方法可按照中华人民共和国国家标准《饲料中霉菌总数的测定》(GB/T 13092—2006)进行。

(1) 测定程序　测定程序见图实 13-1。

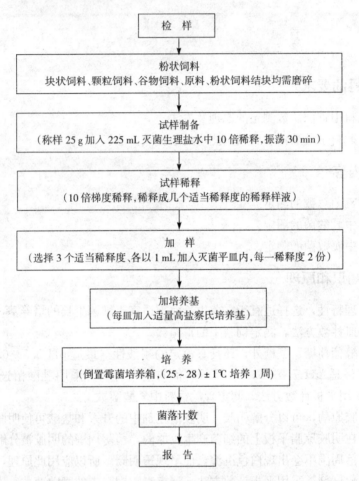

图实 13-1　饲料中霉菌总数的测定

(2) 操作步骤

①采样及处理：采样时必须特别注意样品的代表性和避免采样时的污染。首先准备好灭菌容器和采样工具，如灭菌牛皮纸袋或广口瓶、金属勺和刀，在卫生学调查基础上，采取有代表性的样品，粉碎过 0.45mm 孔径筛，用四分法缩减至 250g。样品采集后应尽快检验，否则应将样品放在低温干燥处。

根据饲料仓库、饲料垛的大小和类型，分层定点采样，一般可分三层五点或分层随机采样，不同点的样品，充分混合后，取 500g 左右送检，小量存贮的饲料可使用金属小勺采取上、中、下各部位的样品混合。

海运进口饲料采样：每一船舱采取表层、上层、中层及下层四个样品，每层从五点取样混合，如船舱盛饲料超过 10 000t，则应加采一个样品。必要时采取有疑问的样品送检。

②称样及试样制备：以无菌操作称取样品 25g（或 25mL），放入含盛有 225mL 灭菌生理盐水的玻璃三角瓶中，置振荡器上，振摇 30min，即为 1∶10 的稀释液。用灭菌吸管吸取 1∶10 稀释液 10mL，注入带玻璃珠的试管中，置微型混合器上混合 3min，或注入试管中，另用带橡皮乳头的 1mL 灭菌吸管反复吹吸 50 次，使霉菌孢子分散开。

③试样稀释：取上述 1∶10 稀释液 1mL 注入盛有 9mL 灭菌生理盐水试管中，另换一支吸管吹吸 5 次，便得 1∶100 稀释液。按此法作 10 倍递增稀释液，每稀释一次，换用一支 1mL 灭菌吸管。根据对样品污染情况的估计，选择三个合适的连续稀释度。

④倾注平皿：选 3 个稀释度的稀释液，分别用 1mL 灭菌吸管吸取各稀释度样液 1mL，分别注入 3 个已作好相应标记的灭菌平皿中，每个稀释度做 2 个平皿。然后给每个平皿中注入一支已融化并冷却至 46±1℃ 的高层高盐察氏琼脂培养基（参见附录二），并于水平台面上轻轻旋转平皿，使样液与培养基充分混匀。

⑤培养：待完全冷却凝固后，倒置于恒温恒湿培养箱或霉菌培养箱中，(25~28)±1℃ 培养 72h（3d）后开始观察，应培养观察 1 周。

⑥菌落计数：可用肉眼、放大镜、菌落计数器，对每一培养板中的菌落进行计数，并计算出每个稀释度 2 个培养板的平均菌落数。

⑦报告：稀释度选择和霉菌总数报告方式按表实 13-1 表示。

表实 13-1　稀释度和霉菌总数报告方式

例次	不同稀释度的平均菌落数			稀释度选择	两稀释度之比	霉菌总数 [CFU/g(mL)]	报告方式 [CFU/g(mL)]
	10^{-1}	10^{-2}	10^{-3}				
1	多不可计	80	8	选平均菌落数在 10~100 之间	—	8 000	$8.0×10^3$
2	多不可计	87	12	2 个稀释度平均菌落数在 10~100 之间，且菌落总数之比值≤2 取两者总数平均数	1.4	10 350	$1.0×10^4$
3	多不可计	95	20	2 个稀释度平均菌落数在 10~100 之间，且菌落总数之比值>2 取较小数	2.1	9 500	$9.5×10^3$
4	多不可计	多不可计	110	均>100 取稀释度最高的数	—	110 000	$1.1×10^3$
5	9	2	0	均<10 取稀释度最低的数	—	90	90
6	0	0	0	均无菌落生长则以<1 乘以最低稀释倍数	—	$<1×10$	<10
7	多不可计	102	3	均不在 10~100 之间取最接近 10 或 100 的平均菌落数乘以稀释倍数	—	10 200	$1.0×10^4$

2. 青贮饲料中乳酸菌和腐败菌的检验方法

（1）乳酸菌总数的测定方法　测定程序类似霉菌总数测定。操作步骤基本与霉菌总数测定相同。

①~③同霉菌总数测定步骤。

④倾注平皿。所不同的是选用 MRS 培养基（参见附录二），该培养基是乳酸菌选择性培养基。

⑤培养。待完全冷却凝固后，倒置于普通恒温培养箱中，36±1℃ 培养 24~48h 后，观察计菌落数。

⑥~⑦同霉菌总数测定步骤。

(2) 腐败菌总数的测定方法 测定程序见图实 13-2。

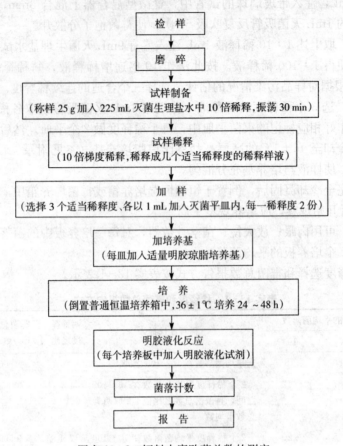

图实 13-2 饲料中腐败菌总数的测定

操作步骤：

①~③同霉菌总数测定步骤。

④倾注平皿。所不同的是选用的是明胶琼脂培养基（参见附录二）。

⑤培养。待完全冷却凝固后，倒置于普通恒温培养箱中，36±1℃培养 24~48h。

⑥明胶液化反应。给每个培养板中加入明胶液化试剂，所加量以覆盖整个培养基表面为宜，并观察菌落周围有无透明圈。有透明圈者为腐败菌菌落。

⑦~⑧同霉菌总数测定步骤⑥~⑦。

[注] 明胶液化试剂（升汞 15g，浓盐酸 20mL，蒸馏水 100mL），先将升汞溶于水中，再加入浓盐酸混匀即可。

六、实验报告

1. 按本实验指导要求的报告格式认真完成实验报告。

2. 仔细观察并描述试验结果，对实验数据进行科学统计分析得出结论并报告，对试验结果进行分析讨论。

七、思考题

1. 举例说明饲料中霉菌总数测定时所选用的培养基应具备的条件。
2. 描述乳酸菌在 MRS 平板培养基上的培养特性。
3. 通过明胶琼脂平板培养如何判定是腐败菌或不是腐败菌？

实验十四
鲜乳及乳制品的微生物学检验

一、实验目的要求

(1) 掌握鲜乳及乳制品的微生物学检验内容。
(2) 掌握鲜乳及乳制品中细菌总数及大肠菌群最近似数的测定方法。
(3) 了解鲜乳及乳制品中病原菌检验的内容及方法。

二、实验内容

(1) 鲜乳及乳制品中细菌数的测定。
(2) 鲜乳及乳制品中大肠菌群最近似数的测定。
(3) 鲜乳及乳制品中病原菌的检验。

三、基本知识和原理

鲜乳及乳制品富含营养，而且较易被消化吸收，所以是很好的食品，同时，也易受到微生物的污染和大量滋生，由此，鲜乳及乳制品的微生物学检验有着重要的意义。

乳及乳制品的微生物学检验包括细菌总数测定、大肠菌群最近似数测定和病原菌的检验。细菌总数反应乳及乳制品被微生物污染的程度，大肠菌群最近似数说明乳及乳制品可能被肠道菌污染的情况，乳及乳制品中不允许检出病原菌。

细菌总数是指鲜乳或乳制品检样经过处理，在一定条件下培养后所得1mL（g）检样中所含菌落的总数。

每种细菌都有其生理生化特性，培养时，应采用不同的营养和环境条件，才能将各种细菌都培养出来，但在实际工作中，一般都只用一种常用的方法进行培养，所得结果只包括一群能在普通琼脂培养基中生长繁殖的嗜温型需氧或兼性厌氧菌的菌落总数。细菌总数主要作为判断鲜乳及乳制品被微生物污染程度的标志。

大肠菌群这类细菌主要来源于人畜粪便，故以此作为粪便污染指标来评价鲜乳及乳制品等动物性食品的卫生质量，推断食品中是否有污染肠道致病菌的可能。

食品中大肠菌群数是以每1mL（g）检样中大肠菌群最可能数（MPN）表示。

四、实验器材

1. 常规器材 天平、灭菌采样瓶（广口瓶、三角瓶等）、振荡器（往复式）、微型混合器（2 900r/min）、1mL无菌吸管、10mL无菌吸管、灭菌试管、无菌培养皿（直径90mm）、试管架、酒精灯、火柴、记号笔、水浴锅、离心机、注射器、剪毛剪、CO_2培养箱、普通恒温培养箱、放大镜或菌落计数器、接种环、载玻片、普通光学显微镜、香柏油、消毒剂等。

2. 培养基及试剂 高层营养琼脂（参见附录二）管、月桂基硫酸盐胰蛋白胨（LST）肉汤（参见附录二）管（单料管、双料管）、煌绿乳糖胆盐（BGLB）肉汤（参见附录二）管、青霉素血琼脂平板（参见附录二）、血琼脂平板、结核菌素、灭菌生理盐水或磷酸盐缓冲液。

3. 染液 革兰系列染液。

4. 实验动物 豚鼠、小鼠等。

5. 样品 鲜奶、奶粉等。

五、实验方法

1. 采样

(1) 采样时要遵守无菌操作规程。

(2) 瓶装鲜乳采取整瓶作样品，桶装乳先用灭菌搅拌器搅和均匀，然后用灭菌勺子采取样品。

(3) 检验一般细菌时，采取样品100mL，检验致病菌时，采样200~300mL，倒入灭菌广口瓶至塞下部，立即盖上瓶塞，并迅速使之冷却至6℃以下。

应在采样后4h内送检。样品中不得添加防腐剂。

2. 菌落总数的测定（以鲜乳为例）

(1) 测定程序　检验程序见图实14-1。

(2) 操作步骤

①取样及试样制备：以无菌操作取奶样25mL，放入含盛有225mL灭菌生理盐水的玻璃三角瓶中，置振荡器上，充分振摇，即为1∶10的稀释液。

②试样稀释：取上述1∶10稀释液1mL注入盛有9mL灭菌生理盐水试管中，另换一支吸管吹吸5次，便得1∶100稀释液。按此法作10倍递增稀释液，每稀释一次，换用一支1mL灭菌吸管。根据对样品污染情况的估计，选择三个合适的连续稀释度。

③倾注平皿：选3个稀释度的稀释液，分别用1mL灭菌吸管吸取各稀释度样液1mL，分别注入3个已作好相应标记的灭菌平皿中，每个稀释度做2个平皿。然后给每个平皿中注入一支已融化并冷却至46±1℃的高层普通琼脂培养基，并于水平台面上轻轻旋转平皿，使样液与培养基充分混匀。

④培养：待完全冷却凝固后，倒置于普通恒温培养箱中，36±1℃培养48±1h。

⑤菌落计数：可用肉眼、放大镜、菌落计数器，对每一培养板中的菌落进行计数，并计算出每个稀释度2个培养板的平均菌落数。

⑥结果报告：稀释度选择和细菌总数报告方式见表实14-1。

a. 若只有一个稀释度的平均菌落数在30~300个之间，则菌落总数（细菌总数）为该稀释度的平均菌落数乘以稀释倍数（表实14-1例1）。

b. 若有两个稀释度的平均菌落数在30~300个之间，则视这两个稀释度的菌落总数的比值来决定水样菌落总数。若比值小于2，则菌落总数为这两个稀释度菌落总数的平均数（表实14-1例2）；若比值大于或等于2，则菌落总数为稀释度较小的菌落总数（表实14-1例3、例4）。

c. 若所有稀释度的平均菌落数均大于300个，则菌落总数为稀释度最高的菌落总数

（表实 14-1 例 5）。

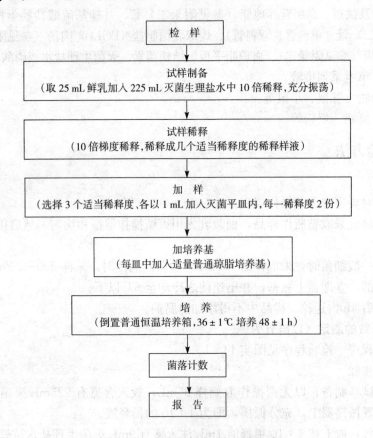

图实 14-1 鲜乳菌落总数测定程序

表实 14-1 稀释度选择及菌落总数报告方式

实例	不同稀释度的平均菌落数			两个稀释度菌落数之比	菌落总数 (CFU/mL)	报告方式 (CFU/mL)
	10^1	10^2	10^3			
1	1 365	164	20	—	16 400	16 000 或 $1.6×10^4$
2	2 760	295	46	1.6	37 750	380 000 或 $3.8×10^4$
3	2 890	271	60	2.2	27 100	27 000 或 $2.7×10^4$
4	150	30	8	2	1 500	1 500 或 $1.5×10^3$
5	多不可计	1 650	513	—	513 000	510 000 或 $5.1×10^5$
6	27	11	5	—	270	270 或 $2.7×10^2$
7	多不可计	305	12	—	30 500	31 000 或 $3.1×10^4$

d. 若所有稀释度的平均菌落数小于 30 个，则菌落总数为稀释度最低的菌落总数（表实 14-1 例 6）。

e. 若所有稀释度的平均菌落数均不在 30~300 个之间，则菌落总数为最接近 300 个或 30 个的平均菌落数乘以稀释倍数（表实 14-1 例 7）。

f. 菌落总数报告方式，菌落总数≤100 个时，按实有数报告；菌落总数＞100 个时，采用二位有效数值，在二位有效数值后的数值，以四舍五入法计算。为了缩短数字后面的零数也可用 10 的指数来表示。见表实 14-1 中报告方式。

3. 大肠菌群 MPN 计数

（1）检验程序　大肠菌群最可能数（most probable number，MPN）计数的检验程序见图实 14-2。

（2）操作步骤

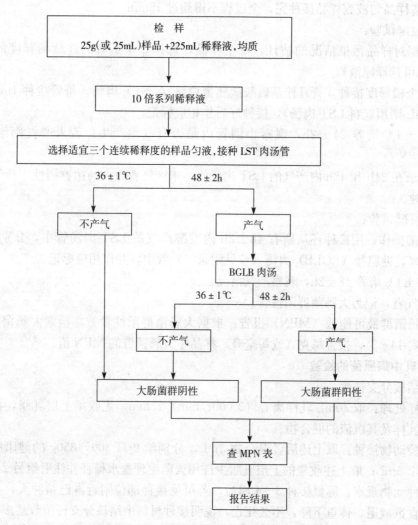

图实 14-2　大肠菌群 MPN 计数检验程序

①样品稀释：

a. 固体和半固体：称取 25g 样品，放入盛有 225mL 无菌磷酸盐缓冲液或生理盐水的无菌匀质杯中，8 000r/min 匀质 1~2min，或用匀质袋，使用拍击式匀质器拍打 1~2min，制成 1:10 的样品匀液。

b. 液体样品：以无菌吸管吸取 25mL，注入盛有 225mL 无菌磷酸盐缓冲液或生理盐水及适当玻璃珠的锥形瓶中，充分混匀，制成 1:10 的样品匀液。

c. 样品匀液 pH 应在 6.5~7.5 之间，必要时可用 1mol/L 氢氧化钠（NaOH）或 1mol/L 盐酸（HCl）调整。

d. 用 1mL 无菌吸管或微量加样器吸取 1∶10 样品匀液 1mL，沿管壁缓慢注入盛有 9mL 无菌磷酸盐缓冲液或生理盐水的试管中（注意吸管或吸头尖端不要触及液面），振摇试管或换用 1 支 1mL 无菌吸管或吸头反复吹打，使其混合均匀，制成 1∶100 的样品匀液。

e. 根据对样品污染程度的估计，依次制成 10 倍递增系列稀释样品匀液。每递增稀释 1 次，换用 1 支 1mL 无菌吸管或吸头。

从制备样品匀液到样品接种完，全过程不得超过 15min。

②初发酵试验：

a. 根据对样品污染情况的估计，每个样品，选择 3 个适宜的连续稀释度的样品匀液（液体样品可选择原液）。

b. 每个稀释度接种 3 管月桂基硫酸盐胰蛋白胨（LST）肉汤，每管接种 1mL（若接种量超过 1mL 则用双料 LST 肉汤），接种好后作相应标记。

c. $36\pm1℃$ 培养 $24\pm2h$，观察小倒管内是否有气泡产生；若未产气则继续培养至 $48\pm2h$。

d. 记录在 24h 和 48h 内产气的 LST 肉汤管。未产气者为大肠菌群阴性，产气者则进行复发酵试验。

③复发酵试验：

a. 无菌操作，用接种环从所有 $48\pm2h$ 内发酵产气的 LST 肉汤管中，分别取培养物，转种于煌绿乳糖胆盐（BGLB）肉汤（参见附录二）管中，并作相应标记。

b. $36\pm1℃$ 培养 $48\pm2h$，观察产气情况。

c. 产气者，记为大肠菌群阳性管。

④大肠菌群最可能数（MPN）报告：根据大肠菌群阳性管数，检索大肠菌群 MPN 检索表（表实 14-2），报告每克（或每毫升）样品中大肠菌群的 MPN 值。

4. 鲜乳中病原菌的检验

(1) 结核分支杆菌

①试样处理：取 30mL 乳样离心（3 000r/min）15min，先收集上层乳脂，再收集几毫升底部的乳样及其沉渣的混合物。

②实验动物接种：取上述后者混合物 3mL，分别给 2 只 300~350g 的健康豚鼠鼷部皮下注射 1.5mL；取上述收集的上层乳脂少许用灭菌生理盐水稀释并注射给另 2 只豚鼠。

③接种动物观察：豚鼠接种 3~4 周后，若可见接种部位附近淋巴结肿大，实验豚鼠精神沉郁，食欲减退，体重下降，不久死亡，说明接种材料中结核分支杆菌数甚多；若实验豚鼠病症不显著，常常延至 8 周以上尚不死亡，说明接种材料中结核分支杆菌数不多；一般在动物接种 8 周后仍不死亡者，也应该将动物处死剖检。

④结核菌素试验：接种后欲判断是否对接种动物造成感染及能否剖检动物，可在接种 3~4 周后对实验动物进行结核菌素试验。方法是剪去（剃掉）实验豚鼠腹部毛并进行局部皮肤消毒，然后皮内注射结核菌素 0.1mL，连续观察 3d。若在注射 24~48h 后，注射部位出现红肿硬块者为阳性，可进行剖检；若无红肿硬块出现，则为阴性。

⑤剖检变化：剖检可见接种部位附近淋巴结肿大，内部充满干酪样物，肝、脾等脏器常有许多小的结核结节。取淋巴结内干酪样物和结核结节抹片染色镜检，可见到结核分支杆菌。

实验十四 鲜乳及乳制品的微生物学检验

表实 14-2 大肠菌群最可能数（MPN）检索表

阳性管数			MPN	95%可信限		阳性管数			MPN	95%可信限	
0.10	0.01	0.001		下限	上限	0.10	0.01	0.001		下限	上限
0	0	0	<3.0	—	9.5	2	2	0	21	4.5	42
0	0	1	3.0	0.15	9.6	2	2	1	28	8.7	94
0	1	0	3.0	0.15	11	2	2	2	35	8.7	94
0	1	1	6.1	1.2	18	2	3	0	29	8.7	94
0	2	0	6.2	1.2	18	2	3	1	36	8.7	94
0	3	0	9.4	3.6	36	3	0	0	23	4.6	94
1	0	0	3.6	0.17	18	3	0	1	38	8.7	110
1	0	1	7.2	1.3	18	3	0	2	64	17	180
1	0	2	11	3.6	38	3	1	0	43	9	180
1	1	0	7.4	1.3	20	3	1	1	75	17	200
1	1	1	11	3.6	38	3	1	2	120	37	420
1	2	0	11	3.6	42	3	1	3	160	40	420
1	2	1	15	4.5	42	3	2	0	93	18	420
1	3	0	16	4.5	42	3	2	1	150	37	420
2	0	0	9.2	1.4	38	3	2	2	210	40	430
2	0	1	14	3.6	42	3	2	3	290	90	1 000
2	0	2	20	4.5	42	3	3	0	240	42	1 000
2	1	0	15	3.7	42	3	3	1	460	90	2 000
2	1	1	20	4.5	42	3	3	2	1 100	180	4 000
2	1	2	27	8.7	94	3	3	3	>1 100	420	

注：①本表采用3个稀释度 [0.1mL（g）、0.01mL（g）、0.001mL（g）]，每稀释度接种3管。

②表内所列试样量如改用 1mL（g）、0.1mL（g）、0.01mL（g）时，表内数字应相应降低 10 倍；如改用 0.01mL（g）、0.001mL（g）、0.000 1mL（g）时，则表内数字相应增高 10 倍。其余类推。

③表中"阳性管数"一栏下面列出的 mL（g）数，是指原试样的毫升（克）数，并非试样稀释后的毫升（克）数。对固体试样要特别注意，如固体试样的稀释度为 1∶10，虽加入了 1mL 量，但实际其中只含 0.1g 试样，故应按 0.1g 计，不应按 1mL 计。

⑥分离培养：从上述病料中用青霉素血液琼脂（参见附录二）平板进行分离培养，观察所分离菌的培养性状和形态特征，更有利于结核分支杆菌的鉴定（参照实验一、九、十、十一）。

（2）布氏杆菌

①试样处理：取 30mL 乳样离心（3 000r/min）15min，分别收集上层乳脂和下层沉淀物。

②分离培养：将上述二者混合物划线分离培养于血琼脂（参见附录二）或肝汤琼脂（参见附录二）或胰蛋白胨琼脂（参见附录二）平板上，35℃、5%～10%CO_2 条件下培养 5～7d。观察菌落性状，进行纯培养以便作进一步的细菌学鉴定（参照实验一、二、三、九、十、十一）。

③实验动物接种：用灭菌生理盐水稀释收集的乳脂适量并分别腹腔注射给 2 只 250g 豚

鼠各 5mL；用上述乳样沉淀物分别腹腔注射另 2 只豚鼠各 5mL。

④接种动物剖检：试验动物死亡后，应剖检并将脾髓接种于血琼脂上，进行病原分离与鉴定工作。如试验动物于 6 周后仍存活，也应处死剖检，同时进行病原菌分离鉴定。

（3）溶血性链球菌

①分离培养：将试样作血琼脂（参见附录二）平板或叠氮化钠结晶紫血琼脂（参见附录二）平板划线分离培养，37℃、培养 18~24h（参照实验九）。

②菌落性状及形态学检查：参照实验十、实验一、实验二及实验三进行。如菌落圆形、细小、周围有清晰的溶血环，且抹片染色镜检是链球菌，则将其进行纯培养。

③纯培养：按实验九中的方法进行。用纯培养物进行分离菌的生理生化试验和实验动物攻毒试验以便鉴定细菌。

④生理生化试验：参照实验十一进行。

⑤动物攻毒试验。

六、实验报告

（1）按本实验指导要求的报告格式认真完成实验报告。

（2）仔细观察并描述试验结果，对实验数据进行科学统计分析得出结论并报告，对试验结果进行分析讨论。

七、思考题

（1）鲜乳及乳制品微生物学检验的内容有哪些？

（2）简述鲜乳中细菌总数测定的程序。

（3）简述鲜乳中大肠菌群测定的程序。

实验十五
琼脂双向免疫扩散试验

一、实验目的要求

(1) 了解血清学试验的种类。
(2) 了解几种常用的沉淀试验。
(3) 掌握试验原理、方法及结果判定。

二、实验内容

鸡传染性法氏囊病琼脂双向免疫扩散试验。

三、基本知识和原理

无论在动物体内或体外，抗原与其相应的抗体相遇，均能发生特异性结合，并表现特定的反应。在体外，传统上所用的抗体主要来自血清，故将体外的抗原抗体反应统称为血清学反应或血清学试验。通过血清学试验，用已知抗原可检测未知抗体或用已知抗体可检测未知抗原。免疫血清学试验的类型及方法较多，各自有着不同的敏感性和用途（表实 15-1）。

表实 15-1 常用免疫血清学试验一览表

试验类别	试验方法	敏感性	定性	定量	定位	抗原分析
沉淀试验	环状沉淀试验	+	+			−
	琼脂单向扩散试验	+	+			−
	琼脂双向扩散试验	+	+	+	−	+
	琼脂免疫电泳试验	+	+	−	−	++
	对流免疫电泳试验	++	+	−		
凝集试验	平板凝集反应	+	+			
	试管凝集反应	+	+	−+		
	间接血细胞凝集反应	+++	+	+		
补体参与试验	补体结合试验	+++	+			
中和试验	病毒中和试验	++++	+	+	−	
	毒素中和试验	++++	+	+		
标记抗体技术	荧光标记抗体技术	++++	+		+	
	酶标记抗体技术	++++	+		+	+
	放射免疫测定技术	+++++	+	+	+	−

本实验琼脂双向免疫扩散试验是免疫血清学试验中沉淀试验的一种。

可溶性抗原（如细菌外毒素、菌体裂解抽提物、病毒、动物血清等）与相应抗体结合，在两者比例合适、适量电解质的存在下，可形成肉眼可见的不溶性抗原—抗体免疫复合物沉淀，称为沉淀反应。参加反应的抗原称为沉淀原，抗体称为沉淀素。沉淀试验中，虽说抗原抗体发生了特异性结合反应，但常常由于抗原过多而发生不出现沉淀现象的结果，故常稀释抗原。

1. 环状沉淀试验（ring precipitation test） 试验在小玻璃管中进行。先将含抗体的免疫血清（标准阳性血清）0.2mL加到直径小于0.5cm的小试管底部。然后将待检的抗原溶液0.2mL重叠于阳性血清上，静置几分钟，抗原与抗体在两液体的界面相遇，形成白色免疫复合物沉淀环，故命名为环状沉淀试验。本试验常用于检验皮、毛中有无炭疽杆菌抗原。此法简便易行，但需用材料较多。

2. 免疫扩散试验（immunodiffusion test） 免疫扩散试验是在琼脂凝胶中进行的沉淀试验。约1%的琼脂凝胶内部呈网状结构，可溶性抗原和血清可在其中自由扩散，因适量电解质环境，两者相遇并在比例合适处结合形成肉眼可见的免疫复合物沉淀线。方法有琼脂单向免疫扩散试验和琼脂双向免疫扩散试验。

（1）琼脂单向免疫扩散试验 将抗体混入加热溶解的琼脂中，倾注于玻片上，制成含有抗体的琼脂板，在适当位置打孔，将抗原材料加入琼脂板的小孔内，让抗原从小孔向四周的琼脂中扩散，与琼脂中的抗体相遇形成免疫复合物。当复合物体积增加到一定程度时停止扩散，出现以小孔为中心的圆形沉淀圈，沉淀圈的直径与加入的抗原浓度成正相关。本方法简便，易于观察结果，可测定抗原的灵敏度（最低浓度）为 $10\sim20\mu g/mL$，常用于定量测定人或动物血清IgG、IgM、IgA和C3等，其缺点是需1~2d才能观察结果。

（2）琼脂双向免疫扩散试验 简称琼脂双扩试验。是在琼脂板上按一定距离打数个小孔，如七孔梅花图孔（图实15-1），在相邻的两孔内分别放入抗原和抗体材料。当抗原和抗体向四周凝胶中自由扩散与其相应的抗体和抗原相遇便特异结合，在两孔间形成不透明的白色沉淀线。沉淀线一旦形成就是一道特异性的"屏障"，能阻止相同的抗原抗体继续扩散，但仍允许不同的抗原抗体继续扩散，因此，每种抗原与相应抗体均可形成各自的沉淀线。若抗原抗体不相对应则不出现沉淀线，或与阳性对照的沉淀线交叉而过。本法常用于抗原或抗体的定性或定量检测，或用于两种抗原材料的抗原相关性分析。

3. 免疫比浊法 当抗体浓度高，加入少量可溶性抗原，即可形成一些肉眼看不见的小免疫复合物，它可使通过液体的光束发生散射，随着加入抗原增多，形成的免疫复合物也增多，光散射现象也相应加强。免疫比浊法就是在一定的抗体浓度下，加入一定体积的样品，经过一段时间，用光散射浊度计测量反应液体的浊度，来推算样品中的抗原含量。本法敏感、快速简便，可取代单向扩散法定量测定免疫球蛋白的浓度。

4. 琼脂免疫电泳试验 分两个步骤，即先进行电泳，再进行琼脂扩散。先将样品加入琼脂中电泳，将抗原各成分依电泳速度不同而分散开。然后在适当的位置上沿电泳方向挖一直线形槽，于槽内加入含有针对各种抗原混合抗体液，让各抗原成分与相应抗体进行双向免疫扩散，可形成多答卷沉淀线。常用此法进行血清的蛋白种类分析，对于免疫球蛋白缺损或增多的疾病的诊断或鉴别诊断有重要意义。

5. 对流免疫电泳法 对流电泳是一种敏感快速的沉淀试验，即在电场作用下的双向免疫扩散。将琼脂板放入电泳槽内，使琼脂板的两孔沿着电场的方向，于负极侧的孔内加入抗原，于正极侧的孔内加入抗体，通电后，抗原带负电荷向正极泳动，抗体分子虽也带负电荷，但因分子量大，向正极的位移小，而受琼脂中电渗作用向负极移动，抗原和抗体能较快地集中在两孔之间的琼脂中形成免疫复合物沉淀线。只需1h左右即可观察结果。

6. 免疫印迹法 免疫印迹法又称为Western印迹法，用于AIDS的血清抗体检测。首先电泳分离HIV抗原，在电场中根据分子量大小不同病毒抗原各成分散开。然后将电泳分离的蛋白质转移到硝酸纤维膜上（电印迹），再将印迹有病毒抗原的硝酸纤维膜浸湿于病人血清中。如果病人血清中含有与一种或几种抗原相对应的抗体的话，则在该抗原印迹部位形成免疫复合物沉淀。在洗去未沉淀的抗原和抗体后，在膜上加标记的抗人免疫球蛋白的抗体（二抗），此抗体可以和病毒抗原与人抗体形成的免疫复合物发生反应，最后加入显色底物（如果抗人Ig是用酶标记的）或做放射自显影（抗人Ig用^{125}I标记）以显示结果。

四、实验器材

1. 常规器材 优质琼脂粉或琼脂糖、洁净平皿或玻板、天平、氯化钠、湿盒、恒温箱、火柴、酒精灯、记号笔、5.6%NaHCO$_3$（参见附录三）、pH试纸、打孔器、恒温水浴锅、恒温箱、消毒剂等。

2. 抗原 鸡传染性法氏囊病诊断抗原。

3. 血清 鸡传染性法氏囊病阳性血清、鸡被检血清（应新鲜，56℃灭活30min后使用。采血后分离的血清可以当天使用，也可置-20℃保存备用）。

五、实验方法

1. 操作程序（以鸡传染性法氏囊病抗体定性试验为例）

（1）琼脂板制备 称量琼脂糖1.0g、氯化钠8.0g、苯酚0.1mL、蒸馏水100mL；先将琼脂糖加到蒸馏水中，加热溶化后再加入氯化钠、苯酚，最后用5.60%NaHCO$_3$调节pH6.8~7.2。稍冷却趁热倒板，厚度约3.0mm，勿产生气泡。

（2）打孔及封底 孔应现用现打。待琼脂完全冷凝后，把设计好的七孔梅花图放在琼脂板下方，用打孔器打孔，孔径为3.0mm，外周孔与中心孔间的孔距均为3.0mm，一般孔距小于孔径；吸出或用针头（8号注射针头）挑出孔内切下的琼脂块；将琼脂板底部在酒精灯焰上通过几次微微加热封底以免漏掉所加样品。

（3）加样 先在琼脂板背面边缘处注明编号和日期等。中心孔7加标准抗原；1、4孔加阳性血清；2、3、5、6孔加被检血清，如图实15-1所示。在琼脂板上另打两个孔，打法、孔径、孔距同前，其中一个孔加入阳性血清，另一个孔加入抗原，设立阳性对照。加样时，应伸进孔内垂直加，边加边提起，以加满为度，勿溢出或加到孔外。

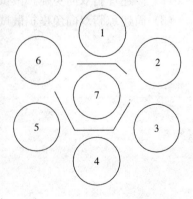

图实15-1 琼脂双向扩散试验
（中心孔7：标准抗原；1、4孔：阳性血清；2、3、5、6孔：被检血清）

（4）孵育及观察 加样完毕，将琼脂板水平放进湿盒中，湿盒加盖并置于37℃恒温箱中孵育，72h 内观察判定试验结果。

2. 结果判定

（1）阳性　被检血清孔与抗原孔之间形成清晰沉淀线者（图实 15-1，3、5 孔）；或者阳性血清孔沉淀线向毗邻被检血清孔内侧弯者（图 15-1，2 孔）；此孔被检血清判为阳性。

（2）阴性　被检血清孔与抗原孔之间不形成沉淀线（图实 15-1，6 孔），此孔被检血清判为阴性。

被检血清孔与阳性血清孔沉淀线相吻合，被检血清抗体与阳性血清抗体相同（图实 15-1，3、5 孔）；沉淀线交叉，被检抗体与阳性抗体不同；有分叉，被检抗体与阳性抗体部分相同。

被检血清与已知抗原孔之间有多条沉淀线，被检血清有多种抗体成分。

3. 注意事项

（1）琼脂免疫扩散试验制备琼脂板时，用琼脂或琼脂糖以及电解质（如氯化钠）的含量，要依据抗原抗体体系而定。琼脂含量偏低则琼脂板凝固性差，过高则影响样品扩散。其中苯酚具有防腐作用，常用的防腐剂还有硫柳汞（0.01%）。

（2）打孔吸出或用针头挑出孔内切下的琼脂块时，不要把琼脂板刺破；另外打孔完毕，一定要封底。

（3）加样时，勿溢出或加到孔外，若溢出或加到孔外，要用吸水纸轻轻吸掉。

（4）在 37℃下孵育时，每天要观察反应沉淀线形成情况，不要超过 3d 以免误判错判。

六、实验报告

（1）按本实验指导要求的报告格式认真完成实验报告。

（2）仔细观察并判定试验结果，要求可靠，并对试验结果进行分析与讨论。

七、思考题

（1）何谓免疫沉淀反应？

（2）简述琼脂双向免疫扩散试验原理。

（3）简述琼脂双向免疫扩散试验注意事项。

实验十六 凝集试验

一、实验目的要求

（1）掌握凝集试验的原理。
（2）学会凝集试验的操作及判定方法。

二、实验内容

（1）布氏杆菌病虎红平板凝集反应。
（2）布氏杆菌病试管凝集反应。

三、基本知识和原理

凝集试验是免疫血清学试验的一种。颗粒性抗原（细菌、红细胞等）与相应抗体在电解质存在下，比例适合时，将出现颗粒抗原凝集现象，称为凝集反应。参加反应的抗原称为凝集原，抗体称为凝集素。凝集试验中，虽说抗原抗体发生了特异性结合反应，但常常由于抗体过多而发生不出现凝集现象的结果，故常稀释抗体。常用的凝集试验有三种。

1. 平板凝集试验（slide agglutination test） 该试验通常在玻璃板上进行，故也叫玻板凝集试验。如在洁净玻璃板的（3×3）cm～（4×4）cm方格上滴加抗原和抗血清各一滴，将二者轻轻混匀，若抗原抗体相对应、比例适合，则几分钟内将出现颗粒凝集现象。本试验简单、快速，常用于细菌及血型的鉴定。

2. 试管凝集试验（tube agglutination test） 本试验需要将待检血清在一系列试管中进行系列稀释并定好量，然后每管加等量抗原，待反应结束后观察管底凝集现象和管中液体的清亮度。本试验方法较为繁琐，反应时间长，需要8～10h或以上，但结果较准确，能测定抗血清的凝集价。

3. 间接凝集试验（indirect agglutination test） 微量可溶性抗原或抗血清与相应抗体或抗原结合，不能出现肉眼可见的沉淀现象。但是，将抗原或抗体吸附在与抗原抗体反应体系无关的惰性颗粒表面，然后与相应抗体或抗原混合，在有电解质存在的条件下，由于抗原抗体的特异性结合而间接使颗粒明显凝集，所以称为间接凝集试验，又称被动凝集试验。用于吸附抗原或抗体的颗粒称载体，已吸附抗原或抗体的载体称为致敏载体。为了区分，将用已知抗原致敏载体检测未知抗体的试验，称为正向间接凝集试验，习惯上就称间接凝集试验；而将用已知抗体致敏载体检测未知抗原的试验，称为反向间接凝集试验。

间接凝集试验中，常用的载体有绵羊红细胞、聚苯乙烯乳胶、碳粉，因此相应地称为间接红细胞凝集试验（简称间接血凝试验）、间接乳胶凝集试验、间接碳素凝集试验。在血清学试验中，最常用的是间接血凝试验和反向血凝试验。

间接凝集抑制试验（indirect agglutination inhibitiontest），若将待检抗体与相应可溶性抗原混合作用，再加入相同抗原致敏载体，由于抗体已被可溶性抗原结合，不能再与抗原致敏载体结合发生间接凝集，此称为间接凝集抑制试验。该试验可检验间接凝集试验的特异性。

四、实验器材

1. 常规器材 玻板、巴氏吸管、试管架、凝集管（13mm×100mm）、微量移液器、可调连续加样器或吸管（规格：10mL、1.0mL、0.2mL）、洗耳球、稀释液、恒温箱、火柴、记号笔、消毒剂等。

2. 抗原 布氏杆菌病虎红平板抗原、布氏杆菌病试管抗原。

3. 血清 布氏杆菌病阳性血清、布氏杆菌病阴性血清、牛被检血清。

五、实验方法（以布氏杆菌病抗体检测为例）

1. 虎红平板凝集试验 该试验是快速平板凝集反应，可与试管凝集反应及补体结合反应效果相比，且在犊牛疫苗接种后不久，用此平板抗原做试验就呈现阴性反应，对区别疫苗接种和动物感染有帮助。通常在洁净玻璃板上进行。

（1）材料准备

①布氏杆菌病虎红平板抗原，由中国医学科学院流行病学微生物学研究所生产供应，按说明书使用。

②布氏杆菌病阳性血清及阴性血清，由兽医生物药品厂生产供应。

③牛被检血清，必须新鲜，无明显蛋白凝固，无溶血和腐败现象。

④玻璃板，清洗干净并划分成（3cm×3cm）～（4cm×4cm）小方格若干。

（2）操作步骤 取一份被检血清0.03mL滴加于玻璃板上的小方格内，然后在该小方格的被检血清中加入布氏杆菌病虎红平板抗原0.03mL，用牙签或火柴棒轻轻混合均匀，于室温4min内观察判定结果。同时，以阳性血清、阴性血清作对照。每份血清用一个小方格和一根牙签或火柴棒。

（3）结果判定 在阳性血清、阴性血清试验结果正确的对照下，被检血清出现任何程度的凝集现象均判为阳性，完全不凝集的判为阴性，无可疑反应。

2. 试管凝集试验

（1）材料准备

①布氏杆菌病试管抗原，由兽医生物药品厂生产供应。使用时用稀释液作1∶20稀释，或按说明书使用；长霉或凝结成块的均不能使用。

②布氏杆菌病阳性血清及阴性血清，由兽医生物药品厂生产供应。

③牛被检血清，必须新鲜，无明显蛋白凝固，无溶血和腐败现象。

④稀释液，无菌0.5%石炭酸生理盐水（石炭酸0.5g、氯化钠0.85g、蒸馏水100mL，参见附录三）；检测羊血清时用无菌0.5%石炭酸10%盐溶液（石炭酸0.5g、氯化钠10g、蒸馏水100mL）。

（2）操作程序

①被检血清稀释度的选用。牛、马、骆驼被检血清稀释度选用 1∶50、1∶100、1∶200、1∶400 四个；猪、山羊、绵羊、犬被检血清稀释度选用 1∶25、1∶50、1∶100、1∶200 四个。

大规模检疫时，可用 2 个稀释度，即牛、马、骆驼选用 1∶50、1∶100；猪、山羊、绵羊、犬选用 1∶25、1∶50。

②被检血清的稀释：

a. 牛、马、骆驼被检血清的稀释：

Ⅰ. 每份被检血清用 4 支试管，注明检验编号（检 1、检 2、检 3、检 4）后，1 号管加稀释液 1.2mL，2～4 号管各加稀释液 0.5mL。

Ⅱ. 取被检血清 0.05mL，加入 1 号，充分混匀后吸弃 0.25mL，由此，1 号被检血清稀释度为 1∶25，量为 1mL。

Ⅲ. 从 1 号中吸出 0.5mL 加入到 2 号管，混合均匀后，如此倍比稀释至 4 号管，从 4 号管吸弃 0.5mL，稀释完毕。

Ⅳ. 此时，1～4 号管被检血清稀释度分别为 1∶25、1∶50、1∶100、1∶200，稀释血清量均为 0.5mL。

b. 猪、山羊、绵羊、犬被检血清的稀释：稀释方法与牛、马、骆驼被检血清的稀释方法基本一致，不同的是 1 号管加稀释液 1.15mL、被检血清 0.1mL；1 号～4 号管被检血清稀释度分别为 1∶12.5、1∶25、1∶50、1∶100。

③加抗原：给上述 1～4 号管中分别加 1∶20 试管抗原 0.5mL，摇振均匀，牛、马、骆驼被检血清的最终稀释度为 1∶50、1∶100、1∶200、1∶400；猪、山羊、绵羊、犬被检血清的最终稀释度 1∶25、1∶50、1∶100、1∶200（表实 16-1）。即为选用稀释度。

表实 16-1 布氏杆菌病试管凝集反应

试管号	1	2	3	4	对照	
					5	6
被检血清最后稀释度	1∶50	1∶100	1∶200	1∶400	抗原	阳性血清
不同稀释度被检血清（mL）	0.5 (1∶25)	0.5 (1∶50)	0.5 (1∶100)	0.5 (1∶200)	0.5 (稀释液)	0.5 (1∶100)
1∶20 试管抗原（mL）	0.5	0.5	0.5	0.5	0.5	0.5

④设立对照：每次试验都要设立下列对照：

阴性血清对照：阴性血清的稀释及加抗原的方法与被检血清相同。

阳性血清对照：1∶100 阳性血清 0.5mL＋1∶20 试管抗原 0.5mL（表实 16-1）。

抗原对照：稀释液 0.5mL＋1∶20 试管抗原 0.5mL（表实 16-1）。

表实 16-2 比浊管的配制

试管号	1	2	3	4	5
1∶40 试管抗原（mL）	1.00	0.75	0.5	0.25	0
稀释液（mL）	0	0.25	0.5	0.75	1.00
清亮度（%）	0	25	50	75	100
判断（标记）	−	＋	＋＋	＋＋＋	＋＋＋＋

⑤比浊管配制：每次试验均需配制比浊管，作为判定凝集反应程度的依据。先将1∶20试管抗原用等量稀释液（如1∶20试管抗原5mL+稀释液5mL）稀释成1∶40试管抗原，然后按表实16-2配制比浊管。

⑥孵育：所有管充分摇振混合混匀后，置37℃恒温箱中孵育20h。观察判定结果。

(3) 判定

①判定标准：

++++：完全凝集，菌体100%凝集下沉于管底，液体清亮度100%。

+++：几乎完全凝集，菌体75%凝集下沉于管底，液体清亮度75%。

++：凝集明显，菌体50%凝集下沉于管底，液体清亮度50%。

+：有凝集沉淀，菌体25%凝集下沉于管底，液体清亮度25%。

—：无凝集沉淀，菌体100%不凝集，液体不清亮100%。

②凝集价的确定：比照比浊管判读，出现++以上凝集现象的最高血清稀释度为血清凝集价。

③结果判定：当阴性血清对照和抗原对照不出现凝集（—），阳性血清凝集价达到其标准效价±1个滴度，则证明试验成立，可以判定；否则，试验应重做。

牛、马、骆驼被检血清凝集价为1∶100，猪、山羊、绵羊、犬被检血清凝集价为1∶50时，被检血清判定为阳性反应。

六、实验报告

(1) 按本实验指导要求的报告格式认真完成实验报告。

(2) 仔细观察并判定试验结果，要求结果可靠，并对试验结果进行分析与讨论。

七、思考题

(1) 何谓凝集反应？

(2) 实验中平板凝集试验和试管凝集试验所用标准抗原相同吗？用什么抗原？

(3) 如何确定被检血清的试管凝集价？

(4) 牛被检血清和猪被检血清判定为阳性反应的判定标准分别是什么？

第三部分

附　录

附录一
常用染色法及其染色液的配制

染料可分为碱性染料、酸性染料和中性染料3种。它们可以单用，也可联合使用。碱性染料有美蓝（即亚甲基蓝、甲烯蓝）、碱性复红、结晶紫、龙胆紫、甲基红、沙黄（也称蕃红花红）和孔雀绿等；酸性染料有伊红、酸性复红和胭脂红等；中性染料有瑞氏染料。碱性染料带正电荷，又称阳离子染料；酸性染料带负电荷，又称阴离子染料。一般情况下，细菌带负电荷，所以细菌染色所用染料大多是碱性染料。

用于细菌等微生物染色的染料大部分都是含苯环的碱性有机物染料。由于有机染料难溶于水，较易溶于有机溶剂，故通常它们被制成盐类并使用95%酒精作为溶剂以助其溶解。如碱性染料多制成氯化物或硫酸盐；而酸性染料一般制成钾盐、钠盐或铵盐。

有些染色方法中，还需要加入媒染剂以增加染料与目的物间的亲和力，或使染料固定在目的物上，或改变细胞壁、细胞膜的通透性。微生物学上常用的媒染剂有碘、石炭酸、明矾和硫酸亚铁等。

有些碱性染料，如美蓝、碱性复红等，能与氢结合（被还原），使色基遭到破坏而褪色变成无色的化合物。这些染料常用作微生物学实验的氧化还原指示剂，如美蓝、石蕊等。

配制染色液常先将染料配制成可长期保存的饱和酒精溶液，用时再予以适当稀释。配制染料的饱和酒精溶液时，应先在研钵中于少量95%酒精（体积分数）中徐徐研磨，使染料充分溶解，再按其溶解度加足95%酒精，存贮于棕色瓶中即可。染色液有原液和使用液（稀释液）之分，稀释液易变质失效，一次不宜多配。几种常用染料在水和酒精中的溶解度见表附1-1。

表附1-1　几种常用染料在水和酒精中的溶解度

染料名称	溶解度 (g/100mL)	
	水	95%酒精
美蓝	3.55	1.48
结晶紫	1.68	13.87
甲基紫	2.93	15.21
龙胆紫	2.50~4.0	10.00
碱性复红	1.13	3.20
沙黄	5.45	3.41
中性红	5.64	2.45
孔雀绿	7.60	7.52
伊红 Y	44.20	2.18
甲基橙	0.52	0.08

（一）美蓝染色法

1. 骆氏（碱性）美蓝染色液

（1）成分

甲液：美蓝　　　　　　　　　　0.3g
　　　酒精（95%，体积分数）　　30mL
乙液：氢氧化钾（KOH）　　　　　0.01g
　　　蒸馏水　　　　　　　　　　100mL

（2）制法　分别配制甲液和乙液，然后将两者混合即可。也可将氢氧化钾预先配制成10g/L（即1%）的水溶液，用时再用蒸馏水稀释100倍成0.1g/L（即0.01%）的水溶液。

此染色液亦称碱性美蓝染色液，在密闭条件下可保存多年。若将配制好的染液在瓶中装至半满，松瓶塞或用棉塞，经常摇振瓶子数分钟，并加蒸馏水以补充蒸发损失的水分，约1年后美蓝缓慢氧化成紫色化合物，用其染色后呈多色性，原来的染液便成为多色性美蓝染色液。

2. 染色方法　参见实验三。

3. 用途

（1）检查细菌形态特征，如组织抹片中巴氏杆菌的两极着色或棒状杆菌的弯曲形态。

（2）乳汁涂片的染色。

（3）酵母菌的染色，染色后，死酵母菌呈蓝色，活酵母菌无色。

（4）多色性美蓝染色液可用于异染颗粒和炭疽杆菌荚膜的染色，染色后，菌体呈蓝色，异染颗粒和荚膜则呈淡红色。

（二）革兰（Gram）染色法

1. 草酸铵结晶紫染色液

（1）成分

甲液：结晶紫　　　　　　　　　　2g
　　　酒精（95%，体积分数）　　　20mL
乙液：草酸铵　　　　　　　　　　0.8g
　　　蒸馏水　　　　　　　　　　80mL

（2）制法　将结晶紫研磨并溶解于酒精中即为甲液；将草酸铵预先配成10g/L（即1%或1g/100mL）的水溶液，即乙液。使用前将甲液和乙液相混合，静置48h后使用。

（3）注意

①不可用龙胆紫取代结晶紫，结晶紫是纯品，而龙胆紫不是单一成分，主要是结晶紫和甲基紫的混合物，易出现假阳性。

②结晶紫溶液放置过久会产生沉淀或结晶，不能再用。

2. 革兰碘液

（1）成分

　　　碘　　　　　　　　　　　　1g
　　　碘化钾（KI）　　　　　　　2g

蒸馏水　　　　　　　　300mL

(2) 制法　先将碘化钾溶解于少量蒸馏水中，然后加入碘（切忌将碘化钾与碘同时加入），待碘全部溶解后，再加入蒸馏水稀释至300mL。此液可保存半年以上，当产生沉淀或褪色后即不能再用。

3. 脱色剂　酒精（95%，体积分数）。

4. 沙黄复染液

(1) 成分

沙黄（即蕃红花红）　　　0.25g
酒精（95%，体积分数）　　10mL
蒸馏水　　　　　　　　90mL

(2) 制法　先将沙黄加入酒精中并研磨使其完全溶解后，再加入蒸馏水。此液保存期以不超过4个月为宜。也可预先配制成2.5%（或3.4%）沙黄酒精溶液原液，临使用前，用蒸馏水进行10倍稀释，即成复染液。

(3) 注意　也可用石炭酸复红染色液［见齐（婓）-尼二氏染色法］10倍稀释水溶液代替沙黄复染液。

革兰染色方法见实验三。

（三）抗酸染色法

1. 齐（婓）-尼（Ziehl-Neelsen）二氏染色法

(1) 石炭酸复红染色液

成分：3%碱性复红酒精（95%）溶液　　10mL
　　　5%石炭酸水溶液　　　　　　　　90mL

制法：将前者加入到后者中混合过滤即成。

(2) 3%盐酸酒精（亦称含酸酒精）

成分：浓盐酸　　　3mL
　　　95%酒精　　97mL

制法：将前者加入到后者中混合即成。

(3) 骆氏（碱性）美蓝染色液　见美蓝染色法。

2. 金-加（Kinyoun-Gabbott）二氏染色法

(1) 金（Kinyoun）氏石炭酸复红染色液

成分：碱性复红　　　4g
　　　95%酒精　　　20mL
　　　石炭酸　　　　9g
　　　蒸馏水　　　　100mL

制法：先将碱性复红溶于酒精中，再缓慢加入蒸馏水并轻轻振摇，最后加入石炭酸溶解混合。

(2) 加（Gabbott）氏复染液

成分：美蓝　　　　1g
　　　无水酒精　　20mL

| 浓硫酸 | 20mL |
| 蒸馏水 | 50mL |

制法：先将美蓝溶于酒精中，再缓慢加入蒸馏，最后加浓硫酸。

3. 蒲曼（Pooman）染色法

(1) 石炭酸复红染色液　见齐（萋）-尼二氏染色法。

(2) 1%美蓝酒精溶液

| 成分：美蓝 | 1g |
| 酒精（95%，体积分数） | 100mL |

制法：先将美蓝加入少量酒精中并研磨促使其溶解，再加足酒精充分混合溶解即成。

（四）瑞（Wright）氏染色法

1. 瑞氏染色液

(1) 成分

| 瑞氏染料（美蓝与酸性伊红钠盐混合物） | 0.1g |
| 中性甲醇 | 60mL |

(2) 制法　取瑞氏染料置乳钵中研磨成粉末状，徐徐加入甲醇并研磨使染料完全溶解，然后装入棕色瓶中，置暗处数日后滤过即成。该染液需置于暗处，保存越久染色效果越好，也有人认为保存期为数月。

2. 染色方法　染色方法有2种。

(1) 将染液滴加于自然干燥的抹片或组织触片上，经1~3min（染液中的甲醇可固定标本），再加等量蒸馏水并轻轻晃动载玻片使染液与蒸馏水混合，经5min后水洗（注意：直接用水冲洗不可将染料先倾去），吸干或烘干水分，镜检。

(2) 抹片自然干燥后，按抹片点大小盖上一块略大的清洁滤纸片，在其上轻轻滴加染色液至略浸过滤纸，并视情况补滴，维持不使变干；染色3~5min，直接以水冲洗，吸干或烘干水分，镜检。此法的染色液经滤纸滤过，可大大避免沉渣附着抹片上而影响镜检观察。

3. 染色原理　瑞氏染料是美蓝与酸性伊红钠盐混合而成，当溶于甲醇后即发生分离，分解成碱性和酸性两种染料。由于细菌带负电荷，与带正电荷的碱性美蓝染料结合而呈蓝色；组织细胞核蛋白、淋巴细胞细胞质、嗜碱性颗粒为酸性蛋白，也与碱性染料美蓝结合呈蓝色；嗜酸性颗粒为碱性蛋白，与酸性染料伊红结合呈红色；而细胞质、嗜中性颗粒呈等电状态与伊红和美蓝均可结合，呈紫色，背景呈淡紫色。

4. 用途

(1) 用于血液涂片、组织抹片的染色，组织细胞的胞浆呈红色，细胞核呈蓝色。

(2) 用于细菌形态与构造的染色，如荚膜——炭疽杆菌荚膜染色（荚膜呈淡红色，菌体则呈蓝色），巴氏杆菌的两极着色特征。

(3) 用于螺旋体、支原体的染色。

（五）姬姆萨（Giemsa）染色法

1. 姬姆萨染色液

(1) 成分

姬姆萨染料（天青色素与酸性伊红混合物）	0.6g
甘油	50mL
甲醇	50mL

(2) 制法　将染料粉末加入甘油中，置55～60℃水浴中1.5～2h后，加入甲醇，静置1d以上，滤过即成姬姆萨染色液原液。临染色前，于1mL蒸馏水中加入上述原液1滴，即成姬姆萨染色液。应当注意，所用蒸馏水必须为中性或微碱性，若蒸馏水偏酸，可于每10mL左右蒸馏水加入1%碳酸钾溶液1滴，使其变成微碱性。

2. 染色方法

(1) 将干燥并用甲醇固定（3～5min）的抹片浸于盛有染液的染色缸内，染色30min至数小时或过夜，然后水洗、干燥、镜检。

(2) 染荚膜时可直接于自然干燥的抹片上滴加原液2滴，染1～2min后，加中性蒸馏水20滴。微微旋摇载玻片使染液与蒸馏水混合，染2～5min，水洗、干燥、镜检。

3. 染色原理　染色原理和结果与瑞氏染色法基本相同。

4. 用途

(1) 是血涂片的良好染色法，对白细胞分类和寄生虫的检查效果均佳。

(2) 可有效观察或检查细菌形态与构造，菌体呈紫色或蓝色，荚膜呈淡红色。

(3) 对螺旋体、支原体、立克次体有较好的染色效果，前两者可被染成红色或蓝色，蓝色者一般多为腐生性；立克次体染色后呈紫色或蓝色。

(六) 荚膜染色法

1. 多色性美蓝染色法　见美蓝染色法。

2. 节（Jasmin）氏荚膜染色法　见实验三。

3. 瑞氏染色法或姬姆萨染色法　见附录一。

4. 克利特（Klett）染色法

(1) 美蓝染液

| 成分：1%美蓝酒精溶液（见附录一） | 10mL |
| 蒸馏水 | 90mL |

(2) 碱性复红染色液

| 成分：3%碱性复红酒精溶液 | 1mL |
| 蒸馏水 | 99mL |

(3) 染色方法

①滴加美蓝染液于干燥固定（不能加热固定）的抹片上并微微加热至产生蒸汽，水洗。

②用碱性复红复染20～30s，水洗、干燥、镜检。

③菌体呈蓝色，荚膜呈红色。

(七) 鞭毛染色法

1. 镀银法

(1) 媒染液

成分：丹宁酸　　　　　　　　　5g

$FeCl_3$	1.5g
15%福尔马林	2mL
1%NaOH	1mL
蒸馏水	100mL

制法:将丹宁酸和$FeCl_3$溶于水中,再加入福尔马林和NaOH,过滤后使用。

(2) 银染液

成分:
$AgNO_3$	5g
蒸馏水	100mL
浓氢氧化铵(比重0.88)	适量

制法:

①配制5%$AgNO_3$溶液100mL,取出10mL备用。

②向其余90mL中缓慢滴加浓氢氧化铵,则形成很浓厚的沉淀,再继续滴加氢氧化铵使沉淀刚好重新溶解为止。

③将备用的10mL硝酸银溶液逐滴加入,则出现薄雾,但轻轻摇动后,薄雾状的沉淀又消失,继续滴入备用硝酸银溶液,直到摇动后仍呈现轻微而稳定的薄雾状沉淀为止,避光保存,可稳定数周。

(3) 染色方法 滴加媒染液于片子上,染色3~5min后水洗,再将银染液滴加于涂片上,加热至接近沸腾,染色3~5min后,水洗、干燥、镜检。结果菌体呈深褐色,鞭毛呈浅褐色。

(4) 注意事项

①载玻片要求清洁光滑。

②细菌材料最好用10~16h肉汤培养物,若用固体培养物,则需取菌落或菌苔边缘的细菌。

③新配制的染液染色效果好。

2. 莱夫森(Leifson)染色法

(1) A染液

成分:
5%钾明矾水溶液	10mL
20%单宁酸水溶液	10mL
3%碱性复红酒精溶液	10mL

制法:将此3种溶液按上述顺序混合配成,若发生沉淀用其上清液,该染液可保存1周。

(2) B染液

成分:
美蓝	0.1g
硼砂	1g
蒸馏水	100mL

(3) 染色方法

①滴加A染液于片子上,染色10~15min后水洗、干燥、镜检。此时,菌体和鞭毛均呈红色。

②如需复染,则用B染液染色10min,水洗、干燥、镜检。此时,菌体呈蓝色,鞭毛为红色。

(4) 注意事项 同镀银法。

(八) 布氏杆菌染色法

1. 科兹洛夫斯基染色法
(1) 2%沙黄水溶液
  成分：沙黄　　　　2g
　　　蒸馏　　　　　100mL
  制法：将沙黄溶入热蒸馏水中，待凉后过滤使用。
(2) 1%孔雀绿水溶液
  成分：孔雀绿　　　1g
　　　蒸馏水　　　　100mL
(3) 染色方法
①抹片干燥并经火焰固定后，滴加沙黄染液并加温至产生气泡，1～2min，水洗1～2min；
②用孔雀绿染液（或用骆氏美蓝染液）复染1～2min，水洗、干燥、镜检。布氏杆菌菌体呈红色（须在染色后40min内检查，时间过长红色会消失。），其他细菌则为蓝色。

2. 改良齐（姜）-尼二氏染色法
(1) 染色液
①5倍稀释的齐（姜）-尼二氏石炭酸复红染液（见附录一，三）。
②0.5%醋酸溶液。
③1%美蓝水溶液。
(2) 染色方法
①初染。抹片干燥并经火焰固定后，滴加石炭酸复红染液染色5～10min，水洗。
②脱色。用0.5%醋酸溶液脱色20～30s，水洗。
③复染。用1%美蓝水溶液复染20s，水洗、干燥、镜检。布氏杆菌菌体呈红色，其他细菌和背景则为蓝色。

(九) 马基维洛（Macchiavello）染色法

1. 染色液
(1) 0.25%碱性复红水溶液（碱性复红0.25g，蒸馏水100mL，将复红溶解于蒸馏水中，待完全溶解后以1%NaOH溶液调整pH7.2～7.4，然后过滤使用）〔或碱性复红0.25g，磷酸盐缓冲液（pH7.2～7.4）100mL配制而成〕。
(2) 0.5%柠檬酸溶液
(3) 1%美蓝水溶液

2. 染色方法
(1) 初染　抹片干燥并经火焰固定后，滴加0.25%碱性复红染液染色5～10min，水洗。
(2) 脱色　迅速用0.5%柠檬酸溶液充洗脱色。
(3) 复染　用1%美蓝水溶液复染约10s，水洗、干燥、镜检。立克次体、衣原体均被染成红色。

(十) 真菌染色方法

1. 美蓝染色法

(1) 美蓝染色液的配制　见附录一。

(2) 染色方法　可染酵母菌，并且可区分活菌体与死菌体，原理和方法均见实验五。

2. 乳酸石炭酸棉蓝染色法

(1) 染色液

成分：石炭酸（结晶状）　　　　　10g
　　　乳酸（比重 1.21）　　　　　10mL
　　　甘油　　　　　　　　　　　20mL
　　　蒸馏水　　　　　　　　　　10mL
　　　棉蓝　　　　　　　　　　　0.02g

制法：
①将石炭酸加入蒸馏水中加热溶化，可置于50℃水浴中使其溶解；
②加入乳酸和甘油；
③最后加入棉蓝即成。

(2) 染色方法　染色原理及方法见实验五。

3. 甲醛美蓝染色法

(1) 染色液配制

成分：4%福尔马林溶液　　　　　5mL
　　　甘油　　　　　　　　　　3mL
　　　3%美蓝溶液　　　　　　　0.3mL

制法：将上述三种成分混合，振摇混匀即可，置室温下备用。

(2) 染色方法　染色方法见实验五，可用于真菌和藻类的形态学检查。

(十一) 乳汁染色法

由于乳汁中体细胞数量和种类的变化与乳房炎炎症反应有着密切关系，所以，乳汁中体细胞计数（somaticcellcount，SCC）用于奶牛乳房炎的监测已有 100 多年的历史了。乳汁中体细胞即白细胞，包括淋巴细胞、巨噬细胞、嗜中性粒细胞及乳腺上皮细胞。乳汁中体细胞计数法有直接计数法和间接计数法。直接计数法中简便易行的方法是直接用显微镜进行体细胞计数，这便涉及涂片制备和染色方法。

1. 涂片制备

(1) 涂片　将乳样缓慢振摇均匀，吸取中部乳样 0.1mL 于载玻片上，涂布成约 $1cm^2$ 面积的乳膜。

(2) 干燥　自然干燥或微热（37℃温箱中）干燥。

(3) 脱脂　于样品上滴加二甲苯脱脂 5min。

(4) 固定　置酒精中固定 5～10min。

2. 染色方法

(1) 美蓝染色法　将美蓝染液（配制参见附录一）滴加于上述涂片上染色 5min，水洗；

再用95%酒精脱色数分钟,水洗、干燥、镜检。

(2) Broadhurst染色法

染液成分:四氯乙胺　　　　　　　　100mL
　　　　　95%酒精　　　　　　　　135mL
　　　　　浓硫酸　　　　　　　　　1mL
　　　　　美蓝　　　　　　　　　　3g
　　　　　1%碱性复红酒精溶液　　　40mL

染液制法:将四氯乙胺加入到95%酒精中混匀,再与浓硫酸混合,将此液置56℃水浴锅中加热1h,再加入美蓝,溶解后再加入碱性复红酒精溶液,待凉后过滤即成。

染色方法:将上述染液滴加于涂布并自然干燥(10min)的片子上染色1min,水洗,自然干燥,镜检。

(3) 镜检及计数脱脂　在生物显微镜油镜下观察(最好用10×目镜,其视野直径要求为0.016),计数100个视野内的细胞数,求出每个视野的细胞平均数,然后用下式计算:

$$SCC = 500\,000 \times 每个视野的细胞平均数(即细胞总数 \div 100)$$

即每毫升乳汁中的体细胞数(细胞数/mL乳)。

(4) 判定标准　随着国际和国内乳品行业的接轨,国内标准也在提高,一般以每毫升牛奶中含20万个细胞为亚临床乳房炎的临界值(+);超过该值为阳性,低于该值则正常。

附录二 常用培养基的配制

(一) 牛肉水（牛肉浸液）(beef infusion)

1. 成分

新鲜瘦牛肉	500g
蒸馏水	1 000mL

2. 制法

(1) 将新鲜牛肉剔除筋腱、筋膜和脂肪后切成小块，置绞肉机中绞碎。

(2) 称其500g放入一定容器中，并加入1 500~2 000mL蒸馏水，搅拌后置普通冰箱冷藏室浸泡一夜。

(3) 次日取出，除去液面浮油，缓慢加热，煮沸0.5~1h，并用玻璃棒不断搅拌。

(4) 用两层或三层洁净纱布滤去肉渣挤出肉汤，再用滤纸过滤，补足水量至1 000mL；或者加热完毕后，待凉使肉渣凝结成块，绒布过滤，并挤压收集全部滤液，补足水量至1 000mL。

(5) 分装于瓶中，包装及标注（名称、日期等）。

(6) 121℃高压蒸汽灭菌15~20min，待冷却后置2~6℃冰箱中保存备用。

3. 用途 制备各种培养基的基础。

4. 备注

(1) 现多用牛肉膏制备，浓度为0.3%~0.5% (W/V，即3~5g/100mL)。

(2) 牛肉加较多的蒸馏水浸泡过夜的目的是使营养物质，特别是不溶性物质，如有些蛋白质，充分浸出。

(3) 加热充分，可使蛋白质凝固，否则，未凝固的蛋白质使肉汤很难过滤清亮。

(4) 加热时不断搅拌，或隔水加热，可防止肉粘贴于容器壁或底部，效果更好。

(二) 牛肉浸液肉汤 (beef infusion broth)

1. 成分

牛肉浸液	1 000mL
蛋白胨	10g
氯化钠	5g
磷酸氢二钾	1g

2. 制法

(1) 牛肉浸液的制备，参照附录二之（一）配制。

(2) 称取蛋白胨、氯化钠、磷酸氢二钾加入牛肉浸液中，缓慢加热溶解后调 pH。

(3) 用 1mol/L NaOH 或 HCl 调 pH7.4～7.6，再加热搅拌 10min，并补足水量至 1 000mL。

(4) 滤纸过滤，分装于瓶中，包装及标注（名称、日期等）。

(5) 121℃高压蒸汽灭菌 15～20min，待冷却后置 2～6℃冰箱中保存备用。

3. 用途

(1) 为一般细菌的液体培养基，可检查细菌的生长特性。

(2) 制备固体培养基（如营养琼脂）之基础。

4. 备注

(1) 现多用牛肉膏和蒸馏水取代牛肉浸液，浓度为 0.3%～0.5%（即 3g/100mL～5g/100mL）。

(2) pH 调好后再加热 10～15min，可稳定酸碱度，并使沉淀物下沉。

（三）普通肉汤（营养肉汤）(nutrient broth, NB)

1. 成分

　　牛肉膏　　　　3～5g
　　蛋白胨　　　　10g
　　氯化钠　　　　5g
　　磷酸氢二钾　　1g
　　蒸馏水　　　　1 000mL

2. 制法

(1) 称取各种成分置一定容器中，加入蒸馏水约 1 000mL，缓慢加热搅拌使各种成分彻底溶解。

(2) 用 1mol/L NaOH 溶液或 1mol/L HCl 溶液调 pH7.4～7.6，再微热煮沸 10～15min，并补足水量至 1 000mL。

(3) 滤纸过滤，分装于瓶中或试管中，包装及标注（名称、日期等）。

(4) 121℃高压蒸汽灭菌 15～20min，待冷却后置 2～6℃冰箱中保存备用。

3. 用途

(1) 为一般细菌的液体培养基，可检查细菌的生长特性。

(2) 制备固体培养基（如营养琼脂）之基础。

4. 备注

(1) 牛肉膏易粘于称量纸上，可先称取其他成分铺垫在牛肉膏的下方。

(2) 可用牛肉浸液 1 000mL 取代成分配方中的牛肉膏和蒸馏水，现多用牛肉膏；另外，现有商品化普通肉汤粉。

(3) 过滤后的肉汤必须完全透明。

(4) 此培养基可满足大多数营养要求不高的细菌的营养需求。

（四）普通琼脂（营养琼脂）(nutrient agar, NA)

1. 成分

牛肉膏	3～5g
蛋白胨	10g
氯化钠	5.0g
磷酸氢二钾	1g
琼脂	15～30g
蒸馏水	1 000mL

2. 制法

(1) 称取各种成分置一定容器中，加入蒸馏水约 1 000mL，缓慢加热搅拌使各种成分彻底溶解。

(2) 用 1mol/L NaOH 溶液和 1mol/L HCl 溶液调 pH7.4～7.6，再微热煮沸 10～15min，并补足水量至 1 000mL。

(3) 用两层或三层洁净纱布或滤纸过滤，分装于瓶中或试管中，包装及标注（名称、日期等）。

(4) 121℃高压蒸汽灭菌 15～20min，待冷却后置 2～6℃冰箱中保存备用。

3. 用途

(1) 可供一般细菌的分离培养、纯培养、菌落性状观察、菌种保存之用。

(2) 制备特殊培养基（如血液琼脂、血清琼脂等）之基础培养基。

4. 备注

(1) 过滤后的营养琼脂必须完全透明。

(2) 可用牛肉浸液 1 000mL 取代成分配方中的牛肉膏和蒸馏水，现多用牛肉膏，此外，市面有售商品化普通琼脂粉。

(3) 琼脂条可能含少量杂质，在剪断时有损耗；夏天温度高；初学者细菌接种操作时易划破培养基表面等情况下，琼脂量可多些。而优质的琼脂粉、气温低时，琼脂量可少些。

(4) 此培养基可满足大多数营养要求不高的细菌的营养需求。

（五）血液琼脂（blood agar）

1. 成分

| 无菌脱纤维血液或抗凝血液 | 5～10mL |
| 普通琼脂 | 100mL |

2. 制法

(1) 无菌脱纤维血液或抗凝血液的制备：无菌操作，自健康动物（绵羊、马、牛、家兔）颈静脉（大动物）、耳静脉（家兔）或心脏（小动物）采血，置于放有玻璃珠灭菌的三角瓶或加有无菌5%柠檬酸钠溶液（W/V，即5g/100mL）（与血液两者体积比为1∶10，即每采10mL血液加5%柠檬酸钠溶液1mL）或1%肝素溶液（每采10mL血液加1%肝素溶液0.1mL）的三角瓶中，边加血液边摇动，便可制成。

(2) 普通琼脂的制备：参照培养基三制法制备。

(3) 待刚刚灭菌的普通琼脂或融化的灭菌普通琼脂凉至 50～55℃，将（1）中制备好的脱纤或抗凝血无菌操作加入，轻轻混匀以免产生气泡。

(4) 立即分装于无菌平皿或试管中,可制成血液琼脂平板或斜面,简称血平板或血斜面,待冷却后置 2~6℃冰箱中保存备用。

3. 用途

(1) 常用于病原菌的分离培养或营养要求较高的病原菌的培养。

(2) 用于检查细菌是否具有溶血作用。

(3) 血斜面常用于保存菌种。

4. 备注

(1) 制备无菌脱纤维血液或抗凝血液的过程中,一定要确保无菌操作。

(2) 加无菌脱纤维血液或抗凝血液时,普通琼脂的温度控制在 50~55℃。

(3) 使用此培养基之前,应进行无菌检验。

(六) 血清琼脂 (serum agar)

1. 成分

　　无菌血清　　　　5~10mL
　　普通琼脂　　　　100mL

2. 制法

(1) 无菌血清的制备:无菌操作,自健康动物(绵羊、马、牛、家兔)颈静脉(大动物)、耳静脉(家兔)或心脏(小动物)采血,置于无菌空三角瓶或大试管中,让其自然凝固,次日分离血清备用。

(2) 普通琼脂的制备:参照培养基三制法制备。

(3) 待刚刚灭菌的普通琼脂或融化的灭菌普通琼脂凉至 50~55℃,将(1)中制备好的血清无菌操作加入,轻轻混匀以免产生气泡。

(4) 立即分装于无菌平皿或试管中,可制成血清琼脂平板或斜面,待冷却后置 2~6℃冰箱中保存备用。

3. 用途

(1) 常用于病原菌的分离培养或营养要求较高的病原菌的培养。

(2) 血清斜面常用于保存菌种。

4. 备注

(1) 制备无菌血清的过程中,一定要确保无菌操作。现市面有售商品化无菌血清。

(2) 加无菌血清时,普通琼脂的温度控制在 50~55℃。

(3) 使用此培养基之前,应进行无菌检验。

(七) 巧克力琼脂 (chocolate agar)

1. 成分

　　无菌脱纤血液　　　5~10mL
　　普通琼脂　　　　　100mL

2. 制法

(1) 无菌脱纤血液的制备:参照血液琼脂培养基制法制备。

(2) 普通琼脂的制备:参照普通琼脂培养基制法制备。

(3) 待刚刚灭菌的普通琼脂或融化的灭菌普通琼脂凉至70～80℃，将（1）中制备好的无菌脱纤血液无菌操作加入，并于70～80℃保持10～20min，使培养基呈巧克力色。

(4) 待培养基凉至50～55℃，倾注平板，待冷却后置2～6℃冰箱中保存备用。

3. 用途

(1) 可为某些菌（如嗜血杆菌等）提供所需的生长因子，如X因子（氯化血红素）和V因子（辅酶Ⅰ），疑似嗜血杆菌属细菌的分离培养常用的培养基。

(2) 可中和某些细菌（如脑膜炎双球菌等）的毒素。

（八）硫乙醇酸盐流体培养基 [thiolglycollate medium (agar-free)]

1. 成分

胰酪蛋白胨	15g
L-胱氨酸	0.5g
葡萄糖	5g
酵母浸膏	5g
氯化钠	5g
硫乙醇酸钠	0.5g
刃天青	0.001g
琼脂	0.75g
蒸馏水	1 000mL

2. 制法

(1) 将各成分混合加热煮沸溶解，调pH7.1～7.2，加热煮沸10～15min，并补足水。

(2) 分装试管，每管10mL，包装及标注（名称、日期等）。

(3) 121℃高压灭菌15min，备用。

3. 用途

(1) 用于需氧菌、兼性厌氧菌、厌氧菌的培养。

(2) 用于生物制品、药品的无菌检验。

(3) 用于食品中产气荚膜梭菌的厌氧培养。

4. 备注

(1) 胰酪蛋白胨、酵母浸膏提供氮源、必需氨基酸、维生素、生长因子；葡萄糖提供碳源和能源，更有利细菌生长；氯化钠维持渗透压；L-胱氨酸、硫乙醇酸钠可有效降低氧化还原电位，防止过氧化物积累对厌氧菌产生毒性作用，同时硫氢基团可钝化砷、汞等重金属的抑菌作用；琼脂的凝固作用可阻止液体对流，从而防止二氧化碳、氧气、细菌还原产物的扩散，有利厌氧环境形成；刃天青作为氧化还原指示剂，有氧时被氧化呈粉红色，无氧时为还原状态呈无色。

(2) 培养基的不同深度——上层、中层、深层可以分别模拟有氧、弱氧、无氧三个不同氧含量的梯度环境，使需氧菌、兼性厌氧菌、厌氧菌均可在此培养基中生长。

(3) 在制备、取放培养基及接种操作时，动作要轻缓、敏捷，以免氧气大量进入；接种之前，若有氧层（氧化层、粉红色层）超过培养基高度的1/5～1/3，需加热驱除氧气至粉红色消失（不超过20min）；刃天青应现用现配，否则，影响结果判定。

(4) 成分中的硫乙醇酸钠（0.5g）可用硫乙醇酸（0.6mL）取代。

(5) 现有商品化硫乙醇酸盐流体培养基粉。

（九）厌氧肉肝汤（anaerobic beef liver broth）

1. 成分

新鲜瘦牛肉	250g
牛肝（或羊肝、猪肝）	250g
蛋白胨	10g
氯化钠	5g
蒸馏水	1 000mL

2. 制法

(1) 将新鲜瘦牛肉剔除筋腱、筋膜和脂肪后切成小块，置绞肉机中绞碎；将肝剔除筋膜、脂肪切成肝块。

(2) 分别称取绞碎的鲜牛肉和肝块各250g，混合，按比例加入蒸馏水，充分搅拌，置4℃冰箱浸泡20~24h。

(3) 次日取出加热搅拌，煮沸30~60min，补足水分，用洁净纱布过滤，挑出肝块并洗净，弃掉肉渣。

(4) 在滤液中加入蛋白胨、氯化钠，加热搅拌溶解，调pH7.6~8.0，加热煮沸10~15min，并补足水。

(5) 将（3）中煮过洗净的肝块切成约0.5cm³方块，分装于试管，每管肝块量应约为预备分装肉肝汤量的1/10。

(6) 过滤肉肝汤，分装于（5）中含有肝块的试管中，并给每管液面上加盖液体石蜡约4mm厚度，包装及标注（名称、日期等）。

(7) 115℃高压蒸汽灭菌30min，备用。

3. 用途

(1) 用于一般厌氧菌的培养与菌种保存。原理参见实验九。

(2) 若按0.2%（W/V）的比例加入葡萄糖则可用于厌氧菌的大量培养及检验。

4. 备注

(1) 制成的培养基应为褐色透明液体，底部有肝块沉淀。

(2) 用前应加热除氧，接种时使菌体与肝块混合。

(3) 培养基不加葡萄糖，可减缓细菌代谢，有利于菌种保存；若要加，则在蛋白胨、氯化钠溶解后加入。

(4) 现有商品化厌氧肉肝汤粉。

（十）马丁肉汤（Martin broth）

1. 成分

猪胃消化液	500mL
牛肉浸液	500mL
冰醋酸	1mL

15％氢氧化钠溶液	20mL
醋酸钠	6g
葡萄糖	10g

2. 制法

（1）猪胃消化液（蛋白胨液）的制备

①将新鲜猪胃洗净，剔除筋膜和脂肪后绞碎，称取 350g 浸入约 50℃ 1 000mL 蒸馏水中，搅拌混匀。

②再加入盐酸（化学纯，比重 1.19），充分混合后，置 50℃ 电热水浴箱中消化 24h（消化过程中，每小时搅拌一次）。

③消化完毕（只剩少量组织）后，80～85℃加热 10min，静置并冷却至 25～30℃后，虹吸上清液于一定容器中，并加入 1％氯仿，充分混匀，置 4℃冰箱，用时虹吸上清液并滤过。

（2）牛肉浸液的制备 参照培养基一制法制备，但成分比例不同，新鲜绞碎瘦牛肉 1 000g，蒸馏水 1 500mL。

（3）将猪胃消化液和牛肉浸液混合，加热至 80℃时，加入冰醋酸并混合均匀，煮沸 3～5min。

（4）加入 15％氢氧化钠溶液，调 pH7.2～7.4，煮沸 3～5min。

（5）加入醋酸钠，再调 pH7.2～7.4，煮沸 5～10min。

（6）滤纸过滤，补足蒸馏水至 1 000mL，加入葡萄糖，搅拌使其溶解，分装、包装及标注（名称、日期等）。

（7）115℃高压灭菌 20～30min，待冷却后置 2～6℃冰箱中保存备用。

3. 用途

（1）可用于营养要求高的细菌的分离培养，如猪丹毒丝菌。

（2）常用于细菌毒力试验或大量产毒素。

（3）可用作庖肉培养基和支原体培养基的基础培养基。

4. 备注

（1）现多用蛋白胨、酵母浸膏、牛肉膏取代马丁肉汤中的猪胃消化液、牛肉浸膏。马丁肉汤的配方是：蛋白胨 30g，酵母浸膏 5g，牛肉浸膏 5g，磷酸氢二钾 1g，冰乙酸 6g，葡萄糖 10g，蒸馏水 1 000mL，pH7.2～7.4。

（2）现有商品化马丁肉汤粉。

（十一）庖肉肉汤（cooked broth）

1. 成分

蛋白胨	10g
可溶性淀粉	2g
葡萄糖	3g
马丁肉汤	1 000mL
碎肉渣	适量

2. 制法

（1）马丁肉汤的制备：参考附录二，十配制。

（2）肉渣的处理及分装：制备马丁肉汤成分中牛肉浸液时，过滤得到的肉渣用自来水洗净，除去杂质及油脂，再用蒸馏水洗2~3次，调pH7.8~8.2，置2~6℃冰箱过夜；次日取出，先用自来水洗，再用蒸馏水洗3次，沥干水后包装好，115℃高压灭菌10min后，置电热干燥箱中70~80℃烘干，备用。或分装于试管中，每管分装3~4cm高肉渣。

（3）将蛋白胨、可溶性淀粉混于马丁肉汤中，加热溶解，调pH7.6~7.8，再加入葡萄糖，搅拌使其溶解。

（4）分装于装有肉渣的试管中，每管培养基量约超过肉渣表面4cm，同时于液面上约加4mm厚的液体石蜡，包装及标注（名称、日期等）。

（5）115℃高压灭菌15~20min，待冷却后置2~6℃冰箱中保存备用。

3. 用途　用于厌氧菌的增菌培养、培养及菌种保存。原理参见实验九。

4. 备注

（1）配制成的培养基应为黄色流体状，底部有肉渣沉淀。

（2）现多用蛋白胨、酵母浸膏取代马丁肉汤中猪胃消化液，成分配方为：牛肉浸液1 000mL，蛋白胨30g，酵母膏5g，可溶性淀粉2g，磷酸二氢钠5g，葡萄糖3g，碎肉渣适量。

（3）肉渣含有不饱和脂肪酸，能吸收氧气；若于该培养基中分别按0.1%（W/V）、0.4%（W/V）比例加入微量琼脂、明胶，可增加培养基黏度，阻止氧的溶解，有利保持厌氧状态；该培养基富含细菌所需营养物质，这些因素均有利于厌氧菌的保存。

（4）用前应加热驱除氧。

（5）现有商品化配套的疱肉培养基基础、疱肉牛肉粒。

（十二）半固体琼脂（semisolid agar）

1. 成分

　　琼脂　　　　0.2~0.7g
　　普通肉汤　　100mL

2. 制法

（1）称取琼脂。

（2）普通肉汤的制备：按照培养基二中的制法制备。

（3）将琼脂加入到尚未灭菌或灭菌的普通肉汤中，缓慢加热搅拌，使琼脂完全溶化。

（4）调pH7.4~7.6，再加热搅拌10~15min，并补足量至100mL。

（5）过滤，分装于试管中，包装及标注（名称、日期等）。

（6）121℃高压蒸汽灭菌15~20min，将试管直立让培养基凝固，待冷却后置4~8℃冰箱中保存备用。

3. 用途

（1）用于细菌运动性的间接检查（参见实验十）。有运动力的细菌自培养基穿刺线向周边扩散性生长，使培养基变浑浊；无运动力的细菌仅沿穿刺线生长，穿刺线周边培养基仍清亮透明。

（2）保存菌种，将细菌（沙门菌、丹毒丝菌、巴氏杆菌等）穿刺接种培养后，包装好试管口，或于培养基表面滴加一滴无菌液体石蜡并包装好试管口，置4~8℃冰箱中可保存约3

个月，保存期比普通斜面菌种要长。

（十三）邓亨蛋白胨水（Dunham peptone water medium）

1. 成分

　　蛋白胨　　　　1g
　　氯化钠　　　　0.5g
　　蒸馏水　　　　100mL

2. 制法

（1）称量各成分置一定容器中混合，缓慢加热并搅拌，溶解后调 pH7.6，再加热煮沸 30min，并补足量至 100mL。

（2）滤纸过滤，分装，包装及标注（名称、日期等）。

（3）121℃高压蒸汽灭菌 15～20min。

3. 用途

（1）细菌吲哚试验（或称靛基质试验）用培养基。原理参见实验十一。

（2）制备需氧菌糖发酵培养基的基础液。

4. 备注

（1）胰蛋白胨水与邓亨蛋白胨水相比较，除前者用胰蛋白胨取代蛋白胨外，其他成分、制法、用途均相同。

（2）胰蛋白胨，又称胰酪蛋白胨、胰酶消化酪蛋白胨，是一种优质蛋白胨。它是以新鲜牛肉和牛骨经胰蛋白酶消化，浓缩干燥而成的浅黄色粉末。蛋白胨是将肉、酪素或明胶用酸或蛋白酶水解后干燥而成的外观呈淡黄色的粉剂。

（十四）需氧菌糖发酵（分解）培养基（bromcersol purple medium for aerobic bacteria）

1. 成分

　　糖　　　　　　　　　　　　　0.5～1.0g
　　1.6％溴甲酚紫酒精溶液　　　0.1mL
　　邓亨蛋白胨水　　　　　　　　100mL

2. 制法

（1）按比例将所需糖加入邓亨蛋白胨水中，加热搅拌溶解。

（2）再按比例加入 1.6％溴甲酚紫酒精溶液，混匀，分装于内有倒立小发酵管的试管中并排空小发酵管中的空气及气泡，包装及标注（名称、日期等）。

（3）115℃高压蒸汽灭菌 15～20min，备用。

3. 用途

（1）用于检查需氧菌对糖类的分解能力。原理参见实验十一。

（2）根据细菌对糖类的分解情况可进行细菌生化鉴定或鉴别，一定程度上还可以决定有益菌在畜牧业生产中的应用地位。

4. 备注

（1）分装后一定要使培养基充满倒置小发酵管中以排空其中的气体，否则，会造成假阳性而得出错误的结论。

(2) 如在该培养基中按 0.5%~0.7% 比例加入琼脂,则成半固体,可省去倒立的小发酵管。

(3) 也可用 0.2% 溴麝香草酚蓝溶液(参见附录三)取代 1.6% 溴甲酚紫酒精溶液,每 100mL 蛋白胨水加 0.2% 溴麝香草酚蓝溶液 1.0~1.2mL。

(4) 糖类易被高温破坏,故灭菌时温度不能高,时间不宜长。

(5) 对于营养要求高的细菌,待培养基凉至 50~55℃,每管加入 1~2 滴健康动物血清(如马血清),混匀,待冷却至室温再进行细菌接种或备用。

(6) 市面有售商品化的成套微量糖发酵管。

(十五) 厌氧菌糖发酵(分解)培养基 (bromcersol purple medium for anaerobic bacteria)

1. 成分

蛋白胨	2g
氯化钠	0.5g
硫乙醇酸钠	0.1g
琼脂	0.5g
糖	1g
1.6% 溴甲酚紫酒精溶液	0.1mL
蒸馏水	100mL

2. 制法

(1) 按比例将蛋白胨、氯化钠、硫乙醇酸钠、琼脂和蒸馏水置一定容器中混合,加热搅拌溶解,再加入所需的糖使其溶解。

(2) 调 pH7.0,加入指示剂,分装试管(做成高层)包装及标注(名称、日期等)。

(3) 115℃高压蒸汽灭菌 15~20min,备用。

3. 用途

(1) 用于检查厌氧菌对糖类的分解能力。原理参见实验十一。

(2) 根据细菌对糖类的分解情况可进行细菌生化鉴定或鉴别,一定程度上还可以决定有益菌在畜牧业生产中的应用地位。

4. 备注

(1) 培养基中的硫乙醇酸钠为还原剂,可以降低培养基中的氧化电位;以及分装成高层均有利于厌氧菌的生长。

(2) 糖类易被高温破坏,故灭菌时温度不能高,时间不宜长。

(3) 现有商品化成套微量糖发酵管。

(十六) 葡萄糖蛋白胨水 (glucose peptone water medium)

1. 成分

蛋白胨	0.5g
葡萄糖	0.5g
磷酸氢二钾	0.2g

蒸馏水　　　　　　　　100mL

2. 制法

（1）将各成分加入到 100mL 蒸馏水中，加热溶解。

（2）调 pH7.0~7.2，加热 10~15min，过滤分装于试管中，每管 10mL，包装及标注（名称、日期等）。

（3）115℃高压蒸汽灭菌 15~20min，备用。

3. 用途　用于细菌 MR 试验和 V-P 试验，主要是鉴别大肠杆菌和产气杆菌。

4. 备注　原理参见实验十一。

（十七）石蕊牛乳（紫乳）培养基 [litmus milk (purple milk) medium]

1. 成分

　　脱脂牛奶粉　　　　　　　　　　　　　　　10g
　　8%（W/V）石蕊酒精（40%V/V）溶液　　　适量
　　蒸馏水　　　　　　　　　　　　　　　　　100mL

2. 制法

（1）将脱脂奶粉加入蒸馏水，微热使其溶解，再加入含 8%石蕊的 40%酒精溶液指示剂。

（2）pH6.8，分装于试管中，每管 10mL，包装及标注（名称、日期等）。

（3）115℃高压蒸汽灭菌 15~20min，备用。

3. 用途

（1）用于细菌产酸、产碱能力的检查。

（2）检查细菌对牛乳的凝固性及胨化特性。

4. 备注

（1）原理参见实验十一。

（2）脱脂牛奶粉及蒸馏水可用脱脂牛奶取代，即将新鲜牛奶加热或离心去掉脂肪。

（3）8%（W/V）石蕊酒精（40%V/V）溶液的配制参见实验十一；亦可用 1.6%溴甲酚紫酒精溶液（0.1mL）作指示剂。

（十八）美蓝牛乳培养基 (methylene blue milk medium)

1. 成分

　　脱脂牛奶粉　　　　　　　　10g
　　1%（W/V）美蓝水溶液　　　 2mL
　　蒸馏水　　　　　　　　　　100mL

2. 制法

（1）将脱脂奶粉加入蒸馏水，微热使其溶解，再加入含 8%石蕊的 40%酒精溶液指示剂。

（2）pH6.8，分装于试管中，每管 10mL，包装及标注（名称、日期等）。

（3）115℃高压蒸汽灭菌 15~20min，备用。

3. 用途

（1）用于测定细菌还原美蓝的能力。

（2）测定每毫升乳汁或每克奶粉中活菌数量的范围。

4. 备注

(1) 美蓝同石蕊、刃天青均为氧化还原指示剂，刃天青又是碱性染料，所以也可用刃天青作指示剂。

(2) 美蓝和刃天青，若为还原型则无色；培养基接种细菌培养后，若由蓝色或粉红色变为白色，即细菌具有还原美蓝或刃天青的能力；检样中加入美蓝或刃天青培养后，根据褪色时间可判断活菌数量的多少，褪色越快活菌越多，反之亦然。

（十九）醋酸铅琼脂（lead acetate agar）

1. 成分

普通琼脂	100mL
10%硫代硫酸钠水溶液	2.5mL
10%醋酸铅水溶液	1.0mL

2. 制法

(1) 将无菌普通琼脂加热完全融化，无菌操作，加入无菌10%硫代硫酸钠，并充分混匀。

(2) 待凉至60℃，无菌操作加入无菌10%醋酸铅水溶液，混匀分装于试管中，每管10~12mL，直立让其冷凝成琼脂柱。

(3) 穿刺接种细菌。或包装及标注（名称、日期等），备用。

3. 用途
用于检查细菌是否产生硫化氢。若沿穿刺线的培养基呈黑色，则为阳性反应，说明该细菌代谢产生硫化氢；若沿穿刺线的培养基不变色，则为阴性反应，说明该细菌代谢不产生硫化氢。

4. 备注

(1) 原理参见实验十一。

(2) 硫代硫酸钠、醋酸铅均不宜久热。硫代硫酸钠可供给细菌所需的硫元素。

(3) 也可在制备普通琼脂时按0.25%（W/V）加入硫代硫酸钠，即每100mL培养基中加硫代硫酸钠0.25g。

（二十）硫酸亚铁琼脂（iron sulfite agar）

1. 成分

牛肉膏（牛肉浸粉）	3g
酵母浸膏（酵母浸粉）	3g
蛋白胨	10g
硫代硫酸钠	0.3g
氯化钠	5g
硫酸亚铁	10g
琼脂	12g
蒸馏水	1 000mL

2. 制法

(1) 称取以上成分加入蒸馏水中，加热溶解。

(2) 调 pH7.4，过滤、分装于试管中，每管 10~12mL，包装及标注（名称、日期等）。
(3) 115℃高压蒸汽灭菌 15~20min，直立让其冷凝成琼脂柱，穿刺接种细菌，或备用。
3. 用途　用于细菌硫化氢试验。其原理参见实验十一。

（二十一）硝酸钾蛋白胨水（potassium nitrate peptone water medium）

1. 成分

蛋白胨	1g
硝酸钾	0.2g
蒸馏水	100mL

2. 制法
(1) 称取以上成分加入蒸馏水中，加热溶解。
(2) 调 pH7.4，过滤、分装试管中，每管 5~6mL，包装及标注（名称、日期等）。
(3) 121℃高压蒸汽灭菌 15~20min，备用。
3. 用途　用于细菌硝酸盐还原试验。其原理参见实验十一。

（二十二）尿素琼脂（urea agar）

1. 成分

蛋白胨	1g
葡萄糖	1g
氯化钠	5g
磷酸氢二钾	2g
0.4%酚红水溶液	3mL
琼脂	20g
20%尿素水溶液	100mL
蒸馏水	900mL

2. 制法
(1) 配制 20%尿素溶液并滤过除菌。
(2) 除酚红、尿素外，称取其他成分加入蒸馏水中，加热溶解。
(3) 调 pH7.2，过滤后加 0.4%酚红水溶液混匀，分装于 4 个洁净的三角瓶中，每瓶 225mL，包装及标注（名称、日期等）。
(4) 121℃高压蒸汽灭菌 15min。
(5) 待凉至 50~55℃加入无菌 20%尿素水溶液，每三角瓶中加入 25mL，充分混匀，分装于试管中，每管 5~6mL，摆成斜面备用。
3. 用途
(1) 用于细菌尿素酶试验。其原理参见实验十一。
(2) 鉴定变形杆菌、沙门菌、志贺菌。

（二十三）明胶培养基（gelatin medium）

1. 成分

牛肉浸粉	3g
蛋白胨	5g
明胶	120g
蒸馏水	1 000mL

2. 制法

(1) 将以上成分混合,加热溶解。

(2) 调 pH7.2,绒布过滤,分装于试管中,包装及标注(名称、日期等)。

(3) 115℃高压蒸汽灭菌 15min,备用。

3. 用途

(1) 用于细菌明胶液化试验。其原理参见实验十一。可用穿刺法接种细菌。置 37℃ 培养 2~3d 后取出,再置 4℃ 冰箱中 30min,若仍为液态,则为阳性,说明该细菌可利用明胶,若凝固即表示该细菌不利用明胶。

(2) 穿刺接种培养后可检查细菌生长性状。应置 22℃ 培养 3~4d,然后观察结果。

(3) 明胶琼脂(20~30g/L)平板用于青贮饲料中腐败菌的培养和计数。

(二十四)淀粉琼脂(starch agar)

1. 成分

普通琼脂	90mL
无菌 3% 淀粉溶液	10mL
无菌血清(对不易生长的细菌才加)	5mL

2. 制法

(1) 将普通琼脂加热完全融化。

(2) 待冷却至 55℃,加入无菌淀粉溶液及无菌血清,混匀后,倾注平板。

3. 用途 用于细菌淀粉水解试验。其原理参见实验十一。

4. 备注 可用普通肉汤取代普通琼脂,制成液体淀粉培养基。

(二十五)西蒙(Simmon)枸橼酸盐琼脂

1. 成分

枸橼酸钠	2g
磷酸二氢铵	1g
硫酸镁	0.2g
氯化钠	5g
磷酸氢二钾	1g
琼脂	20g
1% 溴麝香草酚蓝酒精溶液	10mL
蒸馏水	1 000mL

2. 制法

(1) 称取以上成分,除溴麝香草酚蓝酒精溶液外,将其他加入蒸馏水中,加热溶解融化。

(2) 调 pH7.0，过滤，再将溴麝香草酚蓝酒精溶液加入混匀，分装于试管中，包装及标注（名称、日期等）。

(3) 121℃高压蒸汽灭菌 15min，摆成斜面，斜面划线接种细菌，或备用。

3. 用途

(1) 用于细菌枸橼酸盐利用试验。其原理参见实验十一。

(2) 主要用于鉴别肠杆菌科细菌，如大肠杆菌阳性，沙门菌阴性。

4. 备注

(1) 溴麝香草酚蓝指示剂 pH6.0 以下呈黄色，pH7.6 以上呈蓝色，故配制的培养基为绿色。

(2) 将上述培养基中的琼脂省去，制成液体培养基，同样可以应用。

(3) 将被检细菌少量接种到培养基中，37℃培养 2~4d，培养基变蓝色者为阳性，不变者为阴性。

（二十六）柯氏（Christenten）枸橼酸盐琼脂

1. 成分

柠檬酸钠	5g
葡萄糖	0.2g
氯化钠	5g
半胱氨酸	0.1g
酵母浸膏	0.5g
磷酸二氢钾	1g
琼脂	15g
酚红	0.012g
蒸馏水	1 000mL

2. 制法

(1) 称取以上成分，除酚红外，将其他加入蒸馏水中，加热溶解融化。

(2) 不必调整调 pH，过滤，再将酚红加入溶解，分装于试管中，包装及标注（名称、日期等）。

(3) 121℃高压蒸汽灭菌 15min，摆成斜面，斜面划线接种细菌，或备用。

3. 用途

(1) 用于细菌枸橼酸盐利用试验。其原理参见实验十一。

(2) 主要用于鉴别肠杆菌科细菌，如大肠杆菌阳性，沙门菌阴性。

4. 备注

(1) 酚红指示剂 pH6.8 以下呈黄色，pH8.4 以上呈红色，故配制的培养基为黄色。

(2) 将上述培养基中的琼脂省去，制成液体培养基，同样可以应用。

(3) 将被检细菌少量接种到培养基中，37℃培养 2~7d，培养基变红色者为阳性，不变者为阴性。

(二十七) 四硫磺酸钠增菌培养基 (tetrathionate broth base, TTB)

1. 成分

(1) 基础液
  蛋白胨　　　　　5g
  胆盐　　　　　　1g
  碳酸钙　　　　　10g
  硫代硫酸钠　　　30g
  蒸馏水　　　　　100mL

(2) 碘溶液
  碘片　　　　　　6g
  碘化钾　　　　　5g
  蒸馏水　　　　　20mL

碘溶液的配制方法参考附录一革兰碘液。

2. 制法

(1) 将基础液中各成分按比例混合，加热搅拌溶解。
(2) 分装于试管中，每管10mL，边分装边振摇以免碳酸钙沉淀，包装及标注（名称、日期等）。
(3) 115℃高压蒸汽灭菌10min，备用。
(4) 临用时加碘溶液，每管加0.2mL。

3. 用途　用于沙门菌增菌培养。

4. 备注

(1) 胆盐是一种选择性抑制剂，可抑制革兰阳性菌的生长。
(2) 硫代硫酸钠被碘氧化形成的四硫磺酸钠可抑制大肠杆菌的生长，而沙门菌具有四硫磺酸钠酶可分解四硫磺酸钠，大肠杆菌则没有该酶。四硫磺酸钠对志贺菌也有一定的抑制作用。
(3) 此培养基不需调pH，碳酸钙起缓冲pH的作用，也有利于沙门菌的生长。

(二十八) 三糖铁琼脂 (triple sugar iron agar, TSIA)

1. 成分

牛肉膏浸粉　　　　5g
蛋白胨　　　　　　30g
乳糖　　　　　　　10g
蔗糖　　　　　　　10g
葡萄糖　　　　　　1g
氯化钠　　　　　　5g
硫代硫酸钠　　　　0.2g
硫酸亚铁　　　　　0.2g
酚红　　　　　　　0.025g
琼脂　　　　　　　12g
蒸馏水　　　　　　1 000mL

2. 制法

（1）称取以上成分，除酚红外，将其他加入蒸馏水中，加热溶解融化。

（2）调 pH7.4±0.2，过滤，再将酚红加入溶解，分装试管中，每管 5～6mL，包装及标注（名称、日期等）。

（3）115℃高压蒸汽灭菌 15min，摆成高层斜面，穿刺及斜面划线接种细菌，或备用。

3. 用途　用于测定肠杆菌科细菌对乳糖、蔗糖、葡萄糖发酵情况及能否产生硫化氢。由此鉴别普通变形杆菌、大肠杆菌、沙门菌、志贺菌。

普通变形杆菌：培养基斜面/底部（A/A）、产气、产硫化氢。

大肠杆菌：培养基斜面/底部（A/A）、产气、不产硫化氢。

沙门菌：培养基斜面/底部（K/A）、产气、产硫化氢。

志贺菌：培养基斜面/底部（K/A）、不产气、不产硫化氢。

4. 备注

（1）"A"为产酸，"K"为产碱。

（2）酚红指示剂，酸性环境呈黄色，碱性环境呈红色，所以，制备的正常培养基应为红色。也可将酚红预先配制成 0.4%酚红水溶液，当其他成分加热溶解于蒸馏水，调好 pH 并补足水量 1 000mL 后，加入 0.625mL。

（3）培养基中，乳糖、蔗糖、葡萄糖的质量比为 10∶10∶1，大肠杆菌能发酵这三种糖产酸产气，所产酸足以使培养基斜面和底部均变黄；沙门菌只发酵葡萄糖产酸产气使培养基斜面和底部均变黄，但仅使斜面先呈黄色，因为所产酸少，且接触空气而被氧化，又因细菌生长利用含氮物质生成碱性化合物，所以，斜面后又变为红色，只有培养基底部所产酸不被氧化，一直呈黄色；志贺菌发酵蔗糖、葡萄糖，不发酵乳糖。

（4）硫化氢试验原理参见实验十一。

（5）现有商品化三糖铁琼脂粉。

（二十九）麦康凯琼脂（Maconkey agar，MACA）

1. 成分

蛋白胨	20g
乳糖	10g
猪（或牛、羊）胆盐	5g
氯化钠	5g
中性红	0.03g
琼脂	20g
蒸馏水	1 000mL

2. 制法

（1）称取以上成分，除中性红外，将其他加入蒸馏水中，加热溶解。

（2）调 pH7.2，过滤后加入中性红溶解混匀，分装于三角瓶，包装及标注（名称、日期等）。

（3）115℃高压蒸汽灭菌 15min，备用。用之前倒平板。

3. 用途　用于肠道菌的分离与鉴定。

4. 备注

（1）中性红指示剂 pH 的感应范围 6.8（红色）～8.0（黄色），故制成的培养基为淡黄色。可将中性红配制成 1％（W/V）水溶液，加入 3mL。

（2）胆盐有利于肠道菌（如大肠杆菌、沙门菌）的生长，而对其他菌（如葡萄球菌等革兰阳性菌、巴氏杆菌等革兰阴性菌）则有抑制作用。

（3）能分解乳糖的细菌（如大肠杆菌），产酸后使培养基局部 pH 降低，菌落颜色呈红色；不能分解乳糖的细菌（如沙门菌、志贺菌），其菌落颜色与培养基相同。根据培养基上生长细菌形成的菌落颜色可判断该细菌是否发酵乳糖。

（4）现有商品化麦康凯培养基粉（液体及琼脂）。

（三十）伊红美蓝琼脂（eosin-methylene blue agar, EMBA）

1. 成分

蛋白胨	10g
乳糖	10g
磷酸氢二钾	2g
2％伊红-Y 水溶液	20mL
0.5％美蓝水溶液	13mL
琼脂	20～30g
蒸馏水	1 000mL

2. 制法

（1）称取以上成分，除乳糖、伊红、美蓝外，其他成分加入蒸馏水中，加热溶解。

（2）调 pH7.1～7.3，加入乳糖，溶解后分别加入 2％伊红水溶液 20mL，0.5％美蓝水溶液 13mL 混匀，分装于三角瓶，包装及标注（名称、日期等）。

（3）115℃高压蒸汽灭菌 20min，待 70℃，无菌操作倾注平皿，备用。

3. 用途

（1）用于肠道致病菌的选择性分离。

（2）用于大肠杆菌与沙门菌的鉴定。

（3）用于水（GB/T 5750.12—2006）、食品中总大肠菌群最可能数的检验。

4. 备注

（1）该培养基是一种鉴别培养基，其中的伊红为酸性染料、美蓝为碱性染料，两者又能抑制革兰阳性菌而有利于肠道革兰阴性菌的生长。成分中可用伊红-Y0.4g，美蓝 0.065g。

（2）大肠杆菌能分解乳糖，发酵乳糖产酸时菌体带正电荷，与伊红结合，再与美蓝结合，故形成呈紫黑色带金属光泽的小菌落；产气杆菌则形成呈棕色的较大菌落，一般无金属光泽；沙门菌不分解乳糖，伊红、美蓝不能结合，故其菌落无色或呈半透明琥珀色（浅黄色）。不能发酵乳糖的细菌，若产碱性物较多，则菌体带负电荷，与美蓝结合，被染成蓝色，故形成蓝色菌落。

（三十一）远藤琼脂（Endo agar）

1. 成分

蛋白胨	10g
乳糖	10g
磷酸氢二钾	3.5g
琼脂	13g
蒸馏水	1 000mL
10％碱性复红酒精溶液	5.0mL
10％亚硫酸钠水溶液	25mL

2. 制法

(1) 称取以上成分，除碱性复红、亚硫酸钠外，其他成分加入蒸馏水中，加热溶解。

(2) 调 pH7.4～7.6，定容、过滤后，趁热加入 10％碱性复红酒精溶液 5mL 及 10％亚硫酸钠水溶液 25mL（加入量以碱性复红被还原成淡红色为宜），混匀。

(3) 分装于三角瓶，包装及标注（名称、日期等）。

(4) 115℃高压蒸汽灭菌 15min，待 50℃，无菌操作倒平板，或备用。

3. 用途

(1) 用于肠道致病菌的选择性分离。

(2) 用于大肠杆菌与沙门菌的鉴定。

(3) 常用于检查乳制品和饮用水中是否含有致病性的肠道细菌。

4. 备注

(1) 碱性复红为指示剂；亚硫酸钠为还原剂，可将碱性复红还原为无色；故所制培养基为无色或淡红色。

(2) 大肠杆菌能分解乳糖，发酵乳糖产生丙酮酸，丙酮酸脱羟基形成乙醛，乙醛与亚硫酸结合恢复碱性复红的结构，故形成深红色菌落；不能发酵乳糖的沙门菌、志贺菌则形成淡红色或无色菌落，与培养基色泽一致。

(3) 培养基应贮存于暗处，且不宜保存过久，若变成红色，则不能使用；培养基热时为红色，冷却时呈淡红色。

(4) 又称品红亚硫酸钠培养基。

（三十二）高氏 I 号培养基

1. 成分

可溶性淀粉	20g
硝酸钾（KNO_3）	1.0g
氯化钠（$NaCl$）	0.5g
磷酸氢二钾（$K_2HPO_4 \cdot 3H_2O$）	0.5g
硫酸镁（$MgSO_4 \cdot 7H_2O$）	0.5g
硫酸亚铁（$FeSO_4 \cdot 7H_2O$）	0.01g
琼脂	20～30g
蒸馏水	1 000mL

2. 制法

(1) 称取以上成分，先将淀粉用少量温蒸馏水溶解调成均匀糊状，然后和其他成分加入蒸馏水中，加热搅拌使其溶解融化。

(2) 调 pH7.4～7.6，补足水分，过滤、分装于三角瓶，包装及标注（名称、日期等）。

(3) 121℃高压蒸汽灭菌 20min，待 70℃，无菌操作倒平板，或备用。

3. 用途 用于培养放线菌。

4. 备注

(1) 可溶性淀粉作为碳源和能源，KNO_3 作为氮源；氯化钠维持渗透压，磷酸氢二钾为缓冲剂；硫酸镁和硫酸亚铁提供无机盐。

(2) 在制备培养基时，也可不直接加入硫酸镁和硫酸亚铁，而分别配制成 5% 和 0.1% 的溶液并灭菌，在使用培养基前，每 100mL 培养基中各加 1mL，效果会更好。

(三十三) 沙保弱培养基（Sabouraud's medium）

1. 成分

蛋白胨	10g
葡萄糖（或麦芽糖）	40g
琼脂	20g
蒸馏水	1 000mL

2. 制法

(1) 称取以上成分，加入到蒸馏水中，加热溶解融化。

(2) 调 pH5.3～5.6（一般不需调整即可约 5.5），过滤，分装于三角瓶或试管，包装及标注（名称、日期等）。

(3) 115℃高压蒸汽灭菌 20min，倒平板或摆斜面。

3. 用途

(1) 沙保弱琼脂培养基用于真菌的分离培养、一次性卫生用品真菌菌落总数的检测。

(2) 沙保弱液体培养基用于真菌的增菌培养、一次性卫生用品真菌的定性检测。

4. 备注

(1) 蛋白胨提供碳源和氮源，葡萄糖提供能源，琼脂为凝固剂。

(2) 在培养基中加些抗生素（如氯霉素），可抑制细菌生长。

(三十四) 马丁培养基

1. 成分

葡萄糖	10g
蛋白胨	5.0g
磷酸二氢钾（$KH_2PO_4 \cdot 3H_2O$）	1g
硫酸镁（$MgSO_4 \cdot 7H_2O$）	5g
0.1% 孟加拉红溶液	3.3mL
琼脂	15～20g
蒸馏水	1 000mL
自然 pH	
2% 去氧胆酸钠溶液	20mL（预先灭菌，临用前加入）

链霉素溶液（10 000U/mL）　　　　　　3.3mL（临用前加入）
2. 制法
（1）按所需量称取各成分。
（2）在烧杯中加入约 2/3 所需蒸馏水的量，依次溶化培养基各成分，待各成分完全溶化后，补足水量至所需体积。
（3）每 100mL 培养基加入 0.1% 孟加拉红溶液 0.33mL，混匀。
（4）加入所需琼脂量，加热融化，补足失水。
（5）分装、加塞、包装。
（6）121℃高压蒸汽灭菌 20min。
（7）临用前，加热融化培养基，待冷至约 60℃，无菌操作，每 100mL 培养基加入无菌 2% 去氧胆酸钠溶液 2mL 及链霉素溶液（10 000U/mL）0.33mL，迅速混匀。
3. 用途
（1）常用于从自然环境（如土壤）中分离真菌。
（2）用于药品和生物制品的无菌检验，检测真菌。
4. 备注
（1）培养基中的孟加拉红、去氧胆酸钠和链霉素（30U/mL）不是微生物的营养成分。
（2）孟加拉红能抑制细菌及放线菌的生长；去氧胆酸钠为表面活性剂，不仅防止霉菌菌丝蔓延，还可抑制 G^+ 菌生长；链霉素对多数 G^- 菌具有抑制生长作用。它们对真菌的生长则没有影响，从而达到分离、培养真菌的目的。
（3）自然 pH 即不需调 pH。

（三十五）改良马丁培养基

1. 成分

蛋白胨	5g
葡萄糖	20g
酵母浸粉	2g
磷酸氢二钾（$K_2HPO_4 \cdot 3H_2O$）	1g
硫酸镁（$MgSO_4 \cdot 7H_2O$）	0.5g
蒸馏水	1 000mL
最终 pH	6.2～6.6

2. 制法
（1）按所需量称取各成分。
（2）在烧杯中加入约 2/3 所需蒸馏水的量，依次溶化培养基各成分，待各成分完全溶化后，补足水量至所需体积。
（3）调 pH6.2～6.6，分装、加塞、包装。
（4）115℃高压蒸汽灭菌 25min。
3. 用途
（1）用于真菌培养。
（2）用于药品和生物制品的无菌检验，检测真菌。

4. 备注

（1）蛋白胨提供碳源和氮源；酵母浸膏提供维生素 B；葡萄糖为能源；磷酸氢二钾为缓冲剂；硫酸镁提供微量元素。

（2）丝状真菌生长则有絮状菌丝，培养基表面有带颜色的孢子；酵母菌生长培养基则变浑浊。

（三十六）马铃薯培养基（potato agar）

1. 成分

马铃薯（或称土豆）	200g
蔗糖	20g
蒸馏水	1 000mL
琼脂	20g
自然 pH（约 6.0）	

2. 制法

（1）20%马铃薯汁的制备：将新鲜优质马铃薯去皮、去芽眼，切成玉米粒大小的块，称取 200g 加入到 1 000mL 蒸馏水中，加热至沸，小火煮沸 15~20min，双层纱布过滤，补足所失水分至所需体积即可。

（2）称取其他成分，加入（1）中所制得的 20%马铃薯汁中并使其融化，过滤，分装于三角瓶或试管，包装及标注（名称、日期等）。

（3）115℃高压蒸汽灭菌 20min，无菌操作倒平板或摆斜面。

3. 用途 用于酵母菌、霉菌的培养。

4. 备注 马铃薯提供碳源和氮源；蔗糖提供能源；琼脂为凝固剂。

（三十七）马铃薯葡萄糖琼脂（potato dextrose agar，PDA）

1. 成分

马铃薯（或称土豆）	200g
葡萄糖	20g
蒸馏水	1 000mL
琼脂	20g
自然 pH（约 6.0）	

2. 制法

（1）20%马铃薯汁的制备：将新鲜优质马铃薯去皮、去芽眼，切成玉米粒大小的块，称取 200g 加入到 1 000mL 蒸馏水中，加热至沸，小火煮沸 15~20min，双层纱布过滤，补足所失水分至所需体积即可。

（2）称取其他成分，加入（1）中所制得的 20%马铃薯汁中并使其融化，过滤，分装于三角瓶或试管，包装及标注（名称、日期等）。

（3）115℃高压蒸汽灭菌 20min，无菌操作倒平板或摆斜面。

3. 用途 用于酵母菌、霉菌的培养。

4. 备注 马铃薯提供碳源和氮源；葡萄糖提供能源；琼脂为凝固剂。

（三十八）豆芽汁葡萄糖培养基

1. 成分

黄豆芽	100g
葡萄糖	50g
琼脂	15～20g
蒸馏水	1 000mL
自然 pH	

2. 制法

（1）10％豆芽汁的制备：称取新鲜黄豆芽 100g 置烧杯中，加入蒸馏水 1 000mL。缓慢加热，小火煮沸 30min，纱布过滤，补足所失水分，即为 10％豆芽汁。

（2）然后加入并溶解融化其他成分，补足水量至所需体积。

（3）分装、加塞、包装。

（4）110℃高压蒸汽灭菌 20min。

3. 用途　用于酵母菌、霉菌的培养，是一种良好的培养基。

4. 备注　若不加琼脂则为液体培养基。

（三十九）麦芽汁培养基

1. 成分

大麦（或小麦）芽粉	25g
蒸馏水	100mL

2. 制法

（1）称取麦芽粉，按麦芽粉与蒸馏水 1∶4（W/V，即 25％）的比例，将麦芽粉加入蒸馏水中，加热搅拌混匀，60～65℃保温 3～4h，使其自行糖化，直至糖化完全（检查方法：取出该糖化液 0.5mL，加入碘液 2 滴，如无蓝色出现，即表示糖化完全）。

（2）4～6 层纱布过滤，滤液若仍混浊，可用鸡蛋清澄清（方法：1 个鸡蛋清＋蒸馏水 20mL，搅拌调匀至生泡沫，加入到浑浊的滤液中，搅拌煮沸，再过滤）。

（3）用波美比重计（或称糖度计）检测糖化液中糖浓度，将滤液用蒸馏水稀释到 10～15 波林（糖浓度单位），调 pH6.4，分装于三角瓶或试管，包装及标注（名称、日期等）。

（4）121℃高压蒸汽灭菌 20min，备用。

3. 用途　用于酵母菌、霉菌的培养。

4. 备注

（1）蛋清是良好的澄清剂，经蛋清处理后的麦芽汁清澈透明。鸡蛋清的主要成分是蛋白质，占到蛋清的 65％，加热到 62℃以上时，就开始凝固，形成网状结构，具有很强的吸附性，可将麦芽汁中的杂质吸附于其中，通过过滤就可一同除去。同时，在加热处理过程中，一部分蛋清蛋白发生水解，生成菌种所需的营养物溶解在麦芽汁中，因而在制备麦芽汁时加入蛋清对提高麦芽汁质量是有好处的。

（2）如需固体麦芽汁培养基，则按每 100mL 麦芽汁中，加入琼脂 2g，加热融化，补充失水，琼脂含量为 2％。

(3) 如当地有啤酒厂，可用其未经发酵，未加酒花的新鲜麦芽汁，加蒸馏水稀释到10～15波林后使用。

(4) 麦芽粉的制备：将洗净的大麦或小麦，用水浸泡6～12h，置于15℃阴凉处让其发芽，上盖纱布，每日早、中、晚淋水一次，待麦芽伸长至麦粒的两倍时，让其停止发芽，晒干或烘干，研磨成麦芽粉，贮存备用。

（四十）米曲汁培养基

1. 成分

  大米（或小米）曲（干重）   25g
  蒸馏水   100mL

2. 制法 同麦芽汁。

3. 用途 用于酵母菌、霉菌的培养。

4. 备注

(1) 米曲的制备：将洗净的大米或小米蒸熟成米饭后接种米曲霉，发酵一定时间，晒干或烘干，研磨成米曲粉，贮存备用。

(2) 其他同麦芽汁。

（四十一）察氏（或查氏）（Czapek）培养基

1. 成分

  硝酸钠（$NaNO_3$）   2g
  磷酸二氢钾（KH_2PO_4）   1g
  硫酸镁（$MgSO_4 \cdot 7H_2O$）   0.5g
  氯化钾（KCl）   0.5g
  硫酸亚铁（$FeSO_4 \cdot 7H_2O$）   0.01g
  蔗糖   30g
  琼脂   20g
  蒸馏水   1 000mL

2. 制法

(1) 称取以上成分，加入蒸馏水中，加热溶解融化。

(2) 调pH4.5，过滤、分装于三角瓶或试管，包装及标注（名称、日期等）。

(3) 115℃高压蒸汽灭菌20～30min，无菌操作倒平板或摆斜面，或备用。

3. 用途 用于霉菌的培养及菌种保存。

4. 备注 硝酸钠提供氮源；磷酸二氢钾为缓冲剂；硫酸镁、氯化钾、硫酸亚铁提供必需的离子；蔗糖提供碳源；琼脂为培养基的凝固剂。

（四十二）高盐察氏（Czapek）培养基

1. 成分

  硝酸钠（$NaNO_3$）   2g
  磷酸二氢钾（KH_2PO_4）   1g

硫酸镁（$MgSO_4 \cdot 7H_2O$）	0.5g
氯化钾（KCl）	0.5g
硫酸亚铁（$FeSO_4 \cdot 7H_2O$）	0.01g
氯化钠（NaCl）	60g
蔗糖	30g
琼脂	20g
蒸馏水	1 000mL

2. 制法

（1）称取以上成分，加入蒸馏水中，加热溶解融化。

（2）调pH4.5，过滤、分装于三角瓶或试管，包装及标注（名称、日期等）。

（3）115℃高压蒸汽灭菌20～30min，无菌操作倒平板或摆斜面，或备用。

3. 用途 用于霉菌的培养及饲料等的霉菌菌落计数（GB/T 13092—2006）。

4. 备注

（1）同四十一的备注。

（2）培养基中高浓度的氯化钠（60g/L）具有抑制细菌和减缓生长速度快的毛霉科菌种生长的作用。

（四十三）乳糖蛋白胨培养液（Lactose Peptone Broth）

1. 成分

蛋白胨	10g
牛肉膏	3g
乳糖	5g
氯化钠	5g
1.6％溴甲酚紫酒精溶液	1mL
蒸馏水	1 000mL

2. 制法

（1）称取各成分，除溴甲酚紫酒精溶液外，将其他成分加入蒸馏水中，缓慢加热搅拌使其完全溶解。

（2）调pH7.2～7.4，加入溴甲酚紫酒精溶液混匀，分装于内有倒立小发酵管的试管中，每管10mL，排空小发酵管中的空气及气泡，包装及标注（名称、日期等）。

（3）115℃高压蒸汽灭菌20min，贮存冷暗处备用。

3. 用途 用于生活饮用水水源水中总大肠菌群最可能数的测定（GB/T 5750.12—2006）。

4. 备注

（1）蛋白胨、牛肉膏提供碳源、氮源及矿物质；乳糖是可发酵的糖类；氯化钠维持均衡的渗透压；溴甲酚紫为pH指示剂，酸性呈黄色，碱性呈紫色。

（2）所制备的培养基为单料乳糖蛋白胨培养液。所谓双料乳糖蛋白胨培养液，指上述成分除蒸馏水量不变外，其他成分均为二倍量。三倍料乳糖蛋白胨培养液即蒸馏水量不变，其他成分均为三倍量，其他倍料乳糖蛋白胨培养液可依此类推。

(四十四)乳糖胆盐发酵培养基

1. 成分

蛋白胨	20g
猪(或牛、羊)胆盐	5g
乳糖	10g
1.6%溴甲酚紫酒精溶液	0.6mL
蒸馏水	1 000mL

2. 制法

(1) 称取各成分,除溴甲酚紫酒精溶液外,将其他成分加入蒸馏水中,缓慢加热搅拌使其完全溶解。

(2) 调 pH7.3~7.5 加入溴甲酚紫酒精溶液混匀,分装于内有倒立小发酵管的试管中,每管 10mL,排空小发酵管中的空气或气泡,包装及标注(名称、日期等)。

(3) 115℃高压蒸汽灭菌 20min,贮存冷暗处备用。

3. 用途 用于水、食品总大肠菌群最可能数的检查。

4. 备注

(1) 此配方可以进行改良或增加营养成分以获得最佳的结果。

(2) 所制备的培养基为单料乳糖胆盐培养液。所谓双料乳糖胆盐培养液,指上述成分除蒸馏水量不变外,其他成分均为二倍量。三倍料乳糖胆盐培养液即蒸馏水量不变,其他成分均为三倍量,其他倍料乳糖胆盐培养液可依此类推。

(3) 中华人民共和国国家标准《食品卫生微生物学检验 大肠菌群计数》(GB/T 4789.3—2008)大肠菌群最可能数计数方法将初发酵试验所用乳糖胆盐发酵培养基用月桂基硫酸盐胰蛋白胨肉汤所取代。

(四十五)月桂基硫酸盐胰蛋白胨肉汤(lauryl sulfate tryptase broth, LST 肉汤)

1. 成分

胰蛋白胨(或胰酪胨)	20g
乳糖	5g
氯化钠	5g
磷酸氢二钾(K_2HPO_4)	2.75g
磷酸二氢钾(KH_2PO_4)	2.75g
月桂基硫酸钠	0.1g
蒸馏水	1 000mL

2. 制法

(1) 称取各成分,溶解于蒸馏水。

(2) 调 pH6.8±0.2,分装于内有倒立小发酵管的 20mm×150mm 试管中,每管 10mL,排空小倒管中的空气及气泡,包装及标注(名称、日期等)。

(3) 115℃高压蒸汽灭菌 20min 或 121℃高压灭菌 15min,冷暗处贮存备用。

3. 用途 用于水、食品和其他样品总大肠菌群最可能数计数的初发酵试验(GB/T

4789.3—2008)。

4. 备注

（1）配制好的培养基呈淡黄色透明液体状。

（2）胰蛋白胨提供碳源和氮源满足细菌生长的需求；乳糖是大肠菌群可发酵的糖类；氯化钠可维持均衡的渗透压；磷酸氢二钾和磷酸二氢钾是缓冲剂；月桂基硫酸钠可抑制非大肠菌群细菌的生长。

（四十六）煌绿乳糖胆盐（brilliant green lactose bile，BGLB）肉汤

1. 成分

蛋白胨	10g
乳糖	10g
牛胆粉	20g
0.1%煌绿水溶液	13.3mL
蒸馏水	1 000mL

2. 制法

（1）称取各成分，将蛋白胨、乳糖溶解于500mL蒸馏水。

（2）将牛胆粉溶解于200mL蒸馏水中制备成牛胆粉溶液，将牛胆粉溶液加入到（1）中500mL溶液中混匀，再于此700mL混合液中加蒸馏水275mL，混匀。

（3）调pH7.2±0.1，再加入 0.1%煌绿水溶液13.3mL，用蒸馏水补足至足量1 000mL，过滤、分装于内有倒立小发酵管的20mm×150mm试管中，每管10mL，排空小倒管中的空气及气泡，包装及标注（名称、日期等）。

（4）115℃高压蒸汽灭菌20min或121℃高压灭菌15min，冷暗处贮存备用。

3. 用途 用于水、食品和其他样品总大肠菌群最可能数计数的复发酵试验（GB/T 4789.3—2008）。

4. 备注

（1）配制好的培养基为澄清绿色液体状。

（2）蛋白胨提供碳氮源；乳糖是可发酵的糖类；牛胆粉和煌绿抑制非肠杆菌科细菌。

（四十七）MRS培养基

1. 成分

蛋白胨	10.0g
牛肉粉	5.0g
酵母浸粉	4.0g
葡萄糖	20.0g
吐温80	1.0mL
磷酸氢二钾（$K_2HPO_4 \cdot 7H_2O$）	2.0g
醋酸钠·$3H_2O$	5.0g
柠檬酸三铵	2.0g
硫酸镁（$MgSO_4 \cdot 7H_2O$）	0.2g

硫酸锰（MnSO$_4$·4H$_2$O）		0.05g
琼脂粉		15.0~20.0g
蒸馏水		1 000mL

2. 制法

(1) 称取各成分，将其他成分均加入蒸馏水中，加热溶解融化。

(2) 调 pH6.2，分装、包装及标注（名称、日期等）。

(3) 121℃高压蒸汽灭菌15~20min，冷暗处贮存备用。

3. 用途　用于食品中乳酸菌总数测定试验（GB 4789.35—2010）。

4. 备注　蛋白胨、牛肉粉、酵母粉提供碳源、氮源、维生素，酵母粉还提供必需的维生素、氨基酸等生长因子；葡萄糖为可发酵糖类；磷酸氢二钾为酸碱缓冲剂；柠檬酸三铵、硫酸镁、硫酸锰、吐温-80和醋酸钠为培养各种乳酸菌提供生长因子，此外还能抑制某些杂菌；琼脂是培养基的凝固剂。

(四十八) 莫匹罗星锂盐（Li-Mupiyocin）改良 MRS 培养基

1. 成分

    MRS 各成分
    莫匹罗星锂盐（Li-Mupiyocin）   50.0mg

2. 制法

(1) 莫匹罗星锂盐（Li-Mupiyocin）储备液的制备：称取莫匹罗星锂盐50mg，加入到50mL蒸馏水中，完全溶解后用0.22μm微孔滤膜过滤除菌，备用。

(2) 称取 MRS 各固体成分，均加入到950mL蒸馏水中，加热溶解，调pH6.2，分装、包装及标注（名称、日期等），121℃高压蒸汽灭菌15~20min，冷暗处贮存备用。

(3) 临用前加热融化(2)所制备的琼脂，于水浴中冷却至48℃后，无菌操作，向其中加入无菌莫匹罗星锂盐储备液混匀，使培养基中莫匹罗星锂盐的浓度为50μg/mL。

3. 用途　用于食品中双歧杆菌计数试验（GB 4789.35—2010）。

(四十九) MC 培养基

1. 成分

    大豆蛋白胨   5.0g
    牛肉粉   3.0g
    酵母浸粉   3.0g
    葡萄糖   20.0g
    乳糖   20.0g
    碳酸钙   10.0g
    琼脂粉   15.0~20.0g
    蒸馏水   1 000mL
    1%中性红水溶液   5.0mL

2. 制法

(1) 称取各成分，除中性红溶液外，将其他成分均加入蒸馏水中，加热溶解融化。

(2) 调 pH6.0，加入中性红溶液，分装、包装及标注（名称、日期等）。

(3) 121℃高压蒸汽灭菌 15～20min，冷暗处贮存备用。

3. 用途 用于食品中嗜热链球菌计数试验（GB 4789.35—2010）。

（五十）青霉素血液琼脂

1. 成分

琼脂	1.5～2.0g
中性甘油	1.0mL
蒸馏水	74.0mL
无菌抗凝兔全血（或牛全血）	25.0mL
青霉素（2 000U/mL）	5.0mL

2. 制法

(1) 称取琼脂、中性甘油加入到 74.0mL 蒸馏水中，加热溶解融化。

(2) 121℃高压蒸汽灭菌 15min，冷暗处贮存备用。

(3) 临用前加热融化上述制备好的琼脂，待冷却至 50℃，无菌操作，向其中加入兔（或牛）全血及青霉素混匀，倾注平板。

3. 用途 供结核分支杆菌培养使用。

4. 备注 常用的培养基是罗杰二氏（Lowenstein-Jensen）培养基、改良罗杰二氏培养基、丙酮酸盐培养基和小川培养基。

（五十一）罗杰二氏（Lowenstein-Jensen）培养基

1. 成分

天门冬素（或谷氨酸钠 7.2g）	3.6g
磷酸二氢钾（$KH_2PO_4 \cdot 7H_2O$）	14.0g
硫酸镁（$MgSO_4 \cdot 7H_2O$）	0.24g
枸橼酸镁	0.6g
甘油（或称丙三醇）	12.0mL
蒸馏水	600mL
马铃薯淀粉	30.0g
新鲜鸡全卵液	1 000mL
2%孔雀绿水溶液	20.0mL

2. 制法

(1) 各盐类成分溶解于蒸馏水后，加马铃薯淀粉，混匀，沸水锅内煮沸 30～40min，期间不时摇动以防凝块，使呈糊状，待冷后，加入经无菌纱布过滤的新鲜全卵液 1 000mL，混匀。

(2) 加 2%孔雀绿 20mL，混匀，分装试管（18mm×180mm），每一试管 7mL（培养基斜面高度为培养基占试管底部的 2/3 处为宜），置血清凝固器内凝固。

(3) 凝固器内温度至 90℃时，放入分装试管，以摆放两层为宜。待凝固器内温度达 85～90℃，计时，1～1.5h 后取出，放冷，无菌试验后 4℃冰箱保存备用，1 个月内使用。

3. 用途 供结核分支杆菌培养及保存菌种使用。其原理孔雀绿可抑制杂菌生长,便于分离和长期培养;蛋黄含脂质生长因子,能刺激生长。根据接种菌多少,一般2~4周可见菌落生长。菌落呈颗粒、结节或花菜状,乳白色或米黄色,不透明。在液体培养基中可能由于接触营养面大,细菌生长较为迅速,一般1~2周即可生长。

4. 备注

(1) 制备的培养基颜色鲜艳,表面光滑湿润,有一定韧性和酸碱缓冲能力。

(2) 天门冬素可用二倍量的谷氨酸钠(即味精,95%以上,7.2g)取代。

(3) 2%孔雀绿水溶液:称取孔雀绿2.0g,加入100mL无菌蒸馏水中,水浴中加热(或37℃1~2h),存储棕色瓶中备用。不宜久置,若产生白色沉淀,应重配制。

(4) 鸡蛋:应新鲜,不得超过7d;蛋鸡不得使用抗生素;中等大小,蛋白、蛋黄均衡,即平均20~25个鸡蛋容积约1 000mL。

(5) 新鲜鸡全卵液:自来水清洗,并用肥皂水刷洗干净新鲜鸡卵,待干后以75%酒精擦拭消毒。无菌操作,将卵液倒入已灭菌的有刻度搪瓷杯内,无菌纱布过滤入培养基中。

(五十二)改良罗杰二氏(Lowenstein-Jensen)培养基

除磷酸二氢钾($KH_2PO_4 \cdot 7H_2O$)由14.0g减少至2.4g外,其他成分、制法、用途、备注均与罗杰二氏(Lowenstein-Jensen)培养基相同。

(五十三)丙酮酸钠培养基

除去甘油,加丙酮酸钠1.6g,以10%氢氧化钠调pH7.2,加葡萄糖4g,其他同改良罗杰二氏培养基制备法。

(五十四)3%小川培养基

1. 成分

磷酸二氢钾($KH_2PO_4 \cdot 7H_2O$)	3.0g
谷氨酸钠	1.0g
甘油	6.0mL
蒸馏水	100mL
全卵液	200mL
2%孔雀绿	6.0mL

2. 制法 同罗杰二氏培养基。

(五十五)改良小川培养基

1. 成分

磷酸二氢钾($KH_2PO_4 \cdot 7H_2O$)	1.0g
天门冬素	1.0g
甘油	6.0mL
吐温80	1.5mL
蒸馏水	100mL

| 全卵液 | 200mL |
| 2%孔雀绿 | 6.0mL |

2. 制法 同罗杰二氏培养基。

3. 用途 用于副结核分支杆菌的培养。

(五十六) 肝汤和肝汤琼脂

1. 成分

新鲜牛肝（去掉脂肪及胆管）	1 000g
蒸馏水	1 000mL
蛋白胨	10.0g
氯化钠	5.0g

2. 制法

(1) 牛肝汤的制备：将新鲜牛肝剔除脂肪及胆管后切碎，称取1 000g加入到1 000mL蒸馏水中，缓慢搅拌加热至煮沸，并煮沸1h，无菌纱布过滤，给滤液中补足水分至足量，混匀。

(2) 将其他成分加入上述肝汤中，加热溶解，调pH7.0，滤纸过滤，分装。

(3) 121℃高压灭菌15min，备用。

(4) 在上述肝汤950mL中加琼脂20.0~30.0g，加热融化，调pH7.0，再加入1%结晶紫水溶液50mL，混匀，使其终浓度为0.5g/L，分装，121℃高压灭菌20min，即为肝汤琼脂。

3. 用途 用于布氏杆菌的培养。

4. 备注

(1) 布氏杆菌为专性需氧菌，初代分离培养时需5%~10%CO_2环境，传几代后则不需要了；生长的最适温度37℃；最适pH6.6~7.4。

(2) 布氏杆菌营养要求高，生长繁殖时需硫胺素、烟草酸、生物素、泛酸钙等，但不需氯化血红素（X因子）和辅酶Ⅰ（V因子）。此菌生长缓慢，初代培养常需5~10d甚至20~30d，方有可见生长。不过实验室长期传代保存的菌株，通常培养24~72h即可生长良好。

(3) 布氏杆菌在普通培养基上生长不良；在肝汤琼脂或胰蛋白胨琼脂上，菌落圆形、光滑、湿润、稍隆起，均质而中央常有细微颗粒；初无色透明，后渐浑浊而带灰白甚至灰黄色；菌落的发育大小常差异较远，小者直径约0.1mm，大者可达2~3mm。在马铃薯培养基上，菌落常现微棕黄色。在液体培养基中呈轻微浑浊，久后形成黏稠沉淀；液面无菌膜，但陈旧培养物有时可形成菌环。

(4) 培养基中结晶紫可抑制革兰阳性菌生长，而有利于布氏杆菌的初次分离。

(五十七) 胰蛋白胨琼脂

1. 成分

胰蛋白胨（Tryptase）	20.0g
葡萄糖	1.0g
1%盐酸硫胺素溶液	5.0mL

氯化钠	5.0g
琼脂	20.0g
蒸馏水	1 000mL

2. 制法

（1）称取各成分，将其他成分加入到蒸馏水中，加热溶解融化。

（2）调 pH7.0，滤纸过滤，分装。

（3）121℃高压灭菌 20min，待冷却至 60℃，倾注平板，备用。

3. 用途　用于布氏杆菌的培养，也可用于巴氏杆菌、李氏杆菌的培养。

4. 备注　可在每 1 000mL 培养基中加入 1%结晶紫水溶液 0.4mL，混匀，使其终浓度为 25 万分之一（W/V），可抑制革兰阳性菌生长，而有利于布氏杆菌的初次分离。

（五十八）叠氮化钠结晶紫血琼脂

1. 成分

牛肉水	500mL
胰蛋白胨	15.0g
叠氮化钠	0.5g
氯化钠	5.0g
琼脂	20.0g
0.1%结晶紫水溶液	2.0mL
无菌抗凝牛鲜血	50.0mL
加蒸馏水使培养基总量为	1 000mL

2. 制法

（1）牛肉水的制备：方法参见附录二。

（2）称取各成分，除结晶紫、牛鲜血外，将其他成分加入到 450mL 蒸馏水中，加热溶解融化，调 pH7.0，滤纸过滤，再加入 0.1%结晶紫水溶液 2.0mL，混匀。

（3）121℃高压灭菌 20min，待冷却至 55℃，加入无菌抗凝牛鲜血，混匀，倾注平板，备用。

3. 用途　用于牛乳中链球菌的检查。无乳链球菌在此培养基上吸收结晶紫形成紫色菌落，并有明显的溶血环。

4. 备注

（1）灭菌（即加无菌抗凝牛鲜血）之前，培养基总体积为 950mL，可分装于 2 个 1 000mL 规格的锥形瓶中，各分装 475mL 培养基，灭菌后，每 475mL 培养基中加无菌抗凝牛鲜血 25mL。

（2）叠氮化钠、结晶紫可抑制葡萄球菌等杂菌的生长，如将培养基中叠氮化钠的浓度增至 1g/L，结晶紫浓度增至 0.01g/L，则可用于分离猪丹毒丝菌。

（五十九）爱德华琼脂

1. 成分

马栗苷	1.0g

0.15%结晶紫水溶液	2.0mL
无菌牛血清	50.0mL
普通琼脂	1 000mL

2. 制法

(1) 普通琼脂的制备:方法参见附录二。
(2) 称取马栗苷 1.0g 溶于少量蒸馏水中,加热溶解,煮沸后加入 0.15%结晶紫水溶液 2.0mL,趁热加入到刚融化的普通琼脂(pH7.4)中。
(3) 待冷却至 55℃,加入无菌牛血清,混匀,倾注平板,备用。

3. 用途 用于牛乳中链球菌的检查。无乳链球菌在此培养基上吸收结晶紫形成紫色菌落,肠道杆菌(如大肠杆菌)与马栗苷起作用形成黑色菌落。

(六十)匹克增菌培养基

1. 成分

牛心汤(牛心浸液)	200mL
胰蛋白胨	2.0g
0.4g/L 结晶紫水溶液	1.0mL
1.25g/L 叠氮化钠水溶液	1.0mL
无菌抗凝兔鲜血(或羊鲜血)	10.0mL

2. 制法

(1) 1%胰蛋白胨牛心汤的制备:除去牛新鲜心脏的脂肪、筋膜、血管,并用组织捣碎机绞碎,称取 500g,加入到 1 000mL 蒸馏水中(或按 1:2 的比例加水),搅拌均匀,置 4℃冰箱中浸泡 20~24h,取出,50℃水浴加热 1h,然后煮沸 30min,补足水分,滤过即为未灭菌的牛心汤;趁热将胰蛋白胨 2.0g 溶解于牛心汤中,分装,121℃高压灭菌 30min,待冷却后贮存于 4℃冰箱备用。
(2) 0.4g/L 结晶紫水溶液、1.25g/L 叠氮化钠水溶液配制好后并进行过滤除菌。
(3) 无菌操作,将上述无菌各成分按成分中的量依次加入混合,分装于试管中,每管 2mL,备用。

3. 用途 链球菌增菌培养基。

(六十一)甘露醇盐琼脂

1. 成分

蛋白胨	3.0g
酵母浸粉	5.0g
氯化钠	75.0g
琼脂	20.0g
蒸馏水	1 000mL
甘露醇	20.0g
0.4%酚红水溶液	4.1mL

2. 制法

(1) 称取各成分，除甘露醇、酚红外，将其他成分加入到蒸馏水中，加热溶解融化。

(2) 调 pH7.4，过滤，加入甘露醇、0.4%酚红水溶液溶解，混匀，分装。

(3) 115℃高压灭菌 15min，待冷却至 55℃，倾注平板，备用。

3. 用途 致病性葡萄球菌的鉴别和选择培养基。

4. 备注

(1) 大部分致病性葡萄球菌能在高盐（此培养基氯化钠浓度为 7.5%）环境中生长繁殖。

(2) 大部分致病性葡萄球菌能发酵甘露醇，在该培养基上形成的菌落周围有一黄色环，而非致病菌形成较小菌落，且周围有一红色或紫色环。

附录三

常用溶液及试剂的配制

（一）镜头清洗液

成分

　　酒精　　　3份（30mL）
　　乙醚　　　1份（10mL）

制法　将酒精和乙醚按上述体积比（3∶1）混合均匀，备用。

备注　二甲苯也可用于显微镜的清洗，但其对使用者身体及镜头均有损伤作用，故常用此清洗液，特别是用于镜头的清洗。

（二）生理盐水

成分

　　氯化钠　　　8.5g
　　蒸馏水　　　1 000mL

制法　加热溶解，分装，121℃高压灭菌30min，4℃保存备用。

备注　生理盐水用途很多，如可用作水、饲料、食品、血清、抗原、抗体等样品的稀释液。

（三）磷酸盐缓冲（PBS）溶液

1. 0.2mol/L 磷酸盐（PB）原液的配制

（1）A液

成分

　　磷酸二氢钠（NaH_2PO_4）　　　27.8g
　　蒸馏水　　　1 000mL

制法　将磷酸二氢钠溶于蒸馏水中，加热溶解。

备注　也可用磷酸二氢钾（$KH_2PO_4 \cdot 2H_2O$）31.2g 加蒸馏水至 1 000mL 配制。

（2）B液

成分

　　磷酸氢二钠（Na_2HPO_4）　　　53.65g
　　蒸馏水　　　1 000mL

制法　将磷酸氢二钠溶于蒸馏水中，加热溶解。

备注　也可用磷酸氢二钾（$K_2HPO_4 \cdot 12H_2O$）7.75g 加蒸馏水至 1 000mL 配制。

将 A 液和 B 液按表附 3-1 中的比例混匀即成不同 pH 值的 0.2mol/L 磷酸盐原液。使用时根据所需浓度用蒸馏水稀释，配制成磷酸盐（PB）使用液。

2. 磷酸盐缓冲（PBS）溶液的配制

成分
　　PB 使用液　　　　　1 000mL
　　氯化钠　　　　　　 8.5g

制法　将氯化钠溶于 PB 使用液中，加热溶解，分装后，121℃高压灭菌 30min，4℃保存备用。

备注　PBS 液用途很多，如可用作水、饲料、食品、血清、抗原、抗体等样品的稀释液。

表附 3-1　0.2mol/L 不同 pH 磷酸盐原液的配制

pH	A 液（mL）	B 液（mL）	pH	A 液（mL）	B 液（mL）
5.7	93.5	6.5	6.9	45.0	55.0
5.8	92.0	8.0	7.0	39.0	61.0
5.9	90.0	10.0	7.1	33.0	67.0
6.0	87.7	12.3	7.2	28.0	72.0
6.1	85.0	15.0	7.3	23.0	77.0
6.2	81.5	18.5	7.4	19.0	81.0
6.3	77.5	22.5	7.5	16.0	84.0
6.4	73.5	26.5	7.6	13.0	87.0
6.5	68.3	31.7	7.7	10.0	90.0
6.6	62.5	37.5	7.8	8.5	91.5
6.7	56.5	43.5	7.9	7.0	93.0
6.8	51.0	49.0	8.0	3.3	96.7

（四）乳酸-苯酚溶液

成分
　　苯酚　　　　　　　　10g
　　乳酸（比重 1.21）　　10g
　　甘油　　　　　　　　20g
　　蒸馏水　　　　　　　10mL

制法　将苯酚加入蒸馏水中，加热溶解，然后加入乳酸及甘油，溶解混匀。

用途　用于真菌形态检查。

（五）酸性洗液

酸性洗液是硫酸—重铬酸钾溶液，可根据工作需要配制成不同的强度，见表附 3-2。

表附3-2 玻璃器皿常用洗液不同强度配方

成 分	强酸洗液		次强酸洗液	
重铬酸钾（g）	63	3 150	120	6 000
浓硫酸（工业用）（mL）	1 000	50 000	200	10 000
蒸馏水（mL）	200	10 000	1 000	50 000

制法
(1) 将重铬酸钾放入大烧杯中，加入蒸馏水放在石棉网上加热至沸腾并搅拌，使重铬酸钾充分溶解。
(2) 待（1）中重铬酸钾溶液冷却后倒入酸缸中，然后缓慢加入浓硫酸并用一长玻璃棒不断搅拌，充分混合溶解。

用途 用于玻璃器皿清洗过程中的泡酸这一环节。

备注 操作时务必注意安全，穿戴好耐酸手套和围裙，防止洗液溅到皮肤和衣物上。如不慎溅到皮肤上应立即用大量清水冲洗。

(六) Hank's 液

1. Hank's 原液的配制

(1) A 液

成分

氯化钠（NaCl）	160g
氯化钾（KCl）	8.0g
硫酸镁（$MgSO_4 \cdot 7H_2O$）	2.0g
氯化镁（$MgCl_2 \cdot 6H_2O$）	2.0g
氯化钙（$CaCl_2$）	2.8g
双蒸水	1 000mL

制法 将上述盐依次溶解于双蒸水中，待其溶解后，加入氯仿 2.0mL 作为防腐剂，4℃保存备用。

(2) B 液

成分

磷酸氢二钠（$Na_2HPO_4 \cdot 12H_2O$）	3.04g
磷酸二氢钾（KH_2PO_4）	1.2g
葡萄糖	20.0g
0.4%酚红水溶液	100mL
双蒸水	800mL

制法 同 A 液。

2. Hank's 液的配制

成分

A 液	1 份（1mL）
B 液	1 份（1mL）

双蒸水　　　　18份（18mL）

制法　按上述体积比，将A液和B液加入双蒸馏水中混匀，分装后，115℃高压灭菌10min，4℃保存备用。

备注　制备Hank's液所用化学试剂均应为分析纯（A·R）。

（七）0.4%酚红水溶液

成分

酚红	0.4g
0.1mol/L NaOH溶液	11.28mL
双蒸水	100mL

制法　将酚红置于研钵中，边研磨边缓慢加入NaOH溶液，研磨至酚红完全溶解，置于一定容器中，用少量双蒸水冲涮研钵2~3次并加入到该容器中，最后将所乘的双蒸水加入，摇振混匀，4℃保存备用。

（八）0.1mol/L NaOH溶液

成分

氢氧化钠（NaOH）	4.0g
双蒸水	1 000mL

制法　加热溶解，分装，121℃高压灭菌30min，4℃保存备用。

备注　配制指示剂时多数需加一定量此液。

（九）常用指示剂的pH感应范围及配制浓度

常用指示剂的pH感应范围及配制浓度见表附3-3。

表附3-3　培养基中常用指示剂的pH感应范围及配制浓度

指示剂名称	颜色变化 酸—碱	pH感应界	常用浓度 (g/100mL)	0.1g指示剂所需 0.1mol/L NaOH 溶液量（mL）
麝香草酚蓝（酸性）(thymol blue, T.B)	红—黄	1.2~2.8	0.04	2.15
溴酚蓝（bromophenol blue, B.P.B）	黄—蓝	3.0~4.6	0.04	1.49
甲基红（methyl red, M.R）	红—黄	4.4~6.0	0.02	3.7
溴甲酚紫（bromocresol purple, B.C.P）	黄—紫	5.2~6.8	0.04	1.85
溴麝香草酚蓝（bromthymol blue, B.T.B）	黄—蓝	6.0~7.6	0.04	1.60
酚红（phenol red, P.R）	黄—红	6.8~8.4	0.04	2.82
甲酚红（cresol red, C.R）	黄—红	7.2~8.8	0.02	2.65
麝香草酚蓝（碱性）(thymol blue, T.B)	黄—蓝	8.0~9.6	0.04	2.4
石蕊（litmus）	红—蓝	4.5~8.3		
中性红（neutral red, N.R）	红—黄	6.8~8.0		

（十）碳酸氢钠溶液

成分

　　碳酸氢钠（$NaHCO_3$）　　56g
　　双蒸水　　　　　　　　　　1 000mL

制法　加热溶解，分装后，115℃高压灭菌 10min，4℃保存备用。

备注　为避免高温时碳酸氢钠分解，最好进行滤过除菌。

（十一）0.5%石炭酸生理盐水

成分

　　石炭酸　　　　5.0g
　　氯化钠　　　　8.5g
　　双蒸水　　　　1 000mL

制法　加热溶解，分装后，121℃高压灭菌 30min，4℃保存备用。

备注　0.5%石炭酸溶液具有良好的防腐作用，故 0.5%石炭酸生理盐水常用于免疫血清学试验的稀释液，有的样品（如布氏杆菌病羊血清检测）则要求使用 0.5%石炭酸 10%盐溶液（石炭酸5.0g、氯化钠100g、蒸馏水1 000mL）稀释液，效果最佳。

（十二）鞣酸溶液

成分

　　鞣酸　　　　0.1g
　　蒸馏水　　　20mL

制法　称取鞣酸0.1g，溶解于20mL蒸馏水中即可。

备注　此溶液可保存1周，临用时以 PBS 液作 1∶250 稀释，即上述鞣酸溶液 1mL 加入到249mL PBS 液中，混匀即可使用。

（十三）5%柠檬酸钠溶液

成分

　　柠檬酸钠　　　5.0g
　　蒸馏水　　　　100mL

制法　将柠檬酸钠溶解于蒸馏水中，按所需量（每100mL血液需加入5%柠檬酸钠溶液10mL即可达到抗凝目的）分装于锥形瓶中，121℃高压蒸汽灭菌 15min，4℃保存备用。

（十四）肝素溶液

成分

　　无菌肝素　　　　　　1.0g
　　无菌 Hank's 液　　　100mL

制法　无菌操作，将1.0g无菌肝素溶解于100mL无菌Hank's液中，分装于小瓶，4℃保存备用。

备注

(1) 此溶液可保存 1 年。

(2) 使用时每采 100mL 血液，加入肝素溶液 1mL 即可达到抗凝目的。

(3) 如果肝素为非无菌制品，按上法配制好后应使用滤菌器进行滤过除菌，再行分装，4℃保存备用。

（十五）青霉素—链霉素溶液（Penicillin-Streptomycin Solution）

成分

青霉素	100 000IU
链霉素	1.0g
无菌双蒸水	100mL

制法 将青、链霉素溶解于无菌双蒸水中，待完全溶解后，分装于小瓶（如青霉素瓶、疫苗瓶等）中，−20℃保存备用。

用途

(1) 专门用于细胞培养，可以直接添加到细胞培养液中。青霉素主要是对革兰阳性菌有效，链霉素主要对革兰阴性菌有效，加入这两种抗生素可预防绝大多数细菌对细胞培养的污染。

(2) 此溶液青霉素的含量为 10 000IU/mL，链霉素的含量为 10mg/mL，使用时，每 100mL 培养液中加此液 1mL 即可，使青霉素的工作浓度为 100IU/mL，链霉素的工作浓度为 0.10mg/mL。

备注

(1) 青霉素-链霉素溶液，又称青链霉素混合液，俗称"双抗溶液"。

(2) 有些药物如维生素、激素、抗生素、抗毒素类生物制品等，它们的化学成分不恒定或至今还不能用理化方法检定其质量规格，往往采用生物实验方法并与标准品加以比较来检定其效价。通过这种生物检定，具有一定生物效能的最小效价单元就叫"单位（U）"；经由国际协商规定出的标准单位，称为"国际单位（IU）"。国际标准品主要是供给各国来建立和标化自己的国家标准品。对于还没有建立国际标准品的药物可以由本国制订国家标准品。一个"单位"或一个"国际单位"可以有其相应的重量，但有时也较难确定。单位与重量的换算在不同的药物是各不相同的。抗生素多半用单位表示其效价（如通常所用青霉素 80 万单位），随着科学研究和工业的发展，它们的化学结构也逐步明确，它们的含量可用理化检定方法表示它的有效成分的重量，所以目前也较多地采用重量表示（如链霉素）。

（十六）两性霉素 B（Amphotericin B）溶液

成分

两性霉素 B	20mg
1mol/L 氢氧化钠溶液	0.7mL
三蒸水	100mL

制法 将两性霉素 B 溶解于 1mol/L 氢氧化钠溶液中，加三蒸水，混匀，滤过，分装，−20℃保存备用。使用时，每 100mL 培养基中加 0.5～1mL。

（十七）0.5%水解乳蛋白溶液

成分

　　水解乳蛋白　　　　5g
　　Hank's 液　　　　　1 000mL

制法　将水解乳蛋白溶解于 Hank's 液中，按工作需要分装于小瓶中，115℃高压蒸汽灭菌 20min，4℃保存备用。

（十八）3%谷氨酰胺溶液

成分

　　谷氨酰胺　　　　3g
　　三蒸馏水　　　　100mL

制法　将谷氨酰胺加入三蒸馏水中，振摇使其完全溶解，滤过除菌，按工作需要分装于小瓶中，-20℃保存备用。

（十九）组织消化液、细胞培养液配制用 PBS 溶液

成分

　　氯化钠（NaCl）　　　　　　　　　　8g
　　氯化钾（KCl）　　　　　　　　　　 0.2g
　　氯化钙（$CaCl_2$）　　　　　　　　　0.1g
　　氯化镁（$MgCl_2 \cdot 6H_2O$）　　　　0.1g
　　磷酸氢二钠（Na_2HPO_4）　　　　　1.15g
　　磷酸二氢钾（KH_2PO_4）　　　　　 1.15g
　　双蒸水　　　　　　　　　　　　　　1 000mL
　　pH7.3

制法　将上述盐依次溶解于双蒸水中，待其溶解后，滤器滤过除菌，分装于小瓶，4℃保存备用。

备注　当有沉淀时不能使用。

（二十）组织细胞消化液

1. 0.25%胰酶 Hank's 液

成分

　　胰酶（1∶25）　　　2.5g
　　Hank's 液　　　　　1 000mL
　　pH7.4~7.6

制法　将胰酶溶解于 Hank's 液中，待其溶解后，滤器滤过除菌，分装于小瓶，-20℃保存备用。

备注　也可用无钙细胞培养用 PBS 液与 Hank's 液互换。

2. ATV（Antibiotic Trypsin Versen）消化液

(1) 10倍浓缩液

成分

胰酶	2.5g
氯化钠（NaCl）	40g
氯化钾（KCl）	2g
葡萄糖	5g
碳酸氢钠（NaHCO$_3$）	2.9g
EDTA（乙二胺四乙酸钠）	1g
三蒸水	500mL
0.4%酚红溶液	2.5mL
青链霉素混合溶液	5mL

制法 将以上成分依次加入到450mL三蒸水中，37℃水浴加温，使胰酶充分溶解，溶液完全清亮；然后加入0.4%酚红溶液2.5mL，再加入青链霉素溶液（参见附录三，十五）5mL，混匀；最后加三蒸水至足量500mL，混匀，滤过除菌，分装，-20℃保存备用。

(2) 使用液

成分

10倍浓缩液	30mL
无菌三蒸水	10mL

制法 无菌操作，将两液混合均匀即为ATV使用液。

(二十一) 细胞培养液

1. 生长液 细胞培养已是很多研究与生产工作的基础。细胞培养现多用人工培养基，可根据细胞种类选择不同的人工培养基，常用的人工培养基有MEM、EMEM、1640、199、F12、DMEM（分为高糖和低糖2种规格）等，很多厂家或公司（美国Gibco公司、Sigma公司）均有售。使用时，按说明或需要配制，所配制的是基础培养基，每100mL尚需加下列成分：

无菌犊牛血清	10~15mL
3%谷氨酰胺	1mL
青链霉素混合溶液	1mL

此外，还要用3.5%或7%碳酸氢钠溶液调pH7.2~7.4。

2. 维持液 其余成分同生长液，只是犊牛血清降至2%~5%。

(二十二) 碘酒溶液（动物用）

成分

碘片	50g
碘化钾	10g
蒸馏水	10mL
酒精	950mL

制法 将碘化钾溶解于蒸馏水中，待完全溶解后，加入碾磨成粉状的碘，混匀，再缓慢加入酒精并充分混匀，置棕色瓶内避光保存备用。

主要参考文献

崔治中.2006.兽医免疫学实验指导.北京:中国农业出版社.
国家药典委员会.2010.中华人民共和国药典.2010版.北京:中国医药科技出版社.
桂芳.2009.微生物学检验实验指导.北京:中国医药科技出版社.
黄青云.2009.畜牧微生物学.第5版.北京:中国农业出版社.
黄秀梨,新明秀.2008.微生物学实验指导.北京:高等教育出版社.
李建强,李六金.1999.兽医微生物学实验实习指导.西安:陕西科学技术出版社.
陆承平.2007.兽医微生物学.第4版.北京:中国农业出版社.
王冬梅.2008.免疫学实验指导.兰州:兰州大学出版社.
中华人民共和国卫生部.2010.食品安全国家标准 食品微生物学检验.北京:中国标准出版社.
国家标准化管理委员会.2006.GB/T 13092—2006 饲料中霉菌总数的测定.北京:中国标准出版社.
中华人民共和国国家认证认可监督管理委员会.SN/T 1090—2002 布氏杆菌病试管凝集试验操作规程.北京:中国标准出版社.
中华人民共和国农业部.2003.GB/T 19167—2003 传染性囊病诊断技术.北京:中国标准出版社.
中华人民共和国卫生部.2006.GB/T 5750.12—2006 生活饮用水标准检验方法 微生物指标.北京:中国标准出版社.
中华人民共和国卫生部.2003.GB/T 4789—2003 食品卫生微生物学检验.北京:中国标准出版社.

图书在版编目（CIP）数据

畜牧微生物学实验指导/王爱华编著．—北京：
中国农业出版社，2012.8（2018.12重印）
ISBN 978-7-109-17159-6

Ⅰ.①畜… Ⅱ.①王… Ⅲ.①畜牧学－微生物学－实
验－高等学校－教学参考资料 Ⅳ.①S852.6-33

中国版本图书馆CIP数据核字（2012）第214629号

中国农业出版社出版
（北京市朝阳区麦子店街18号楼）
（邮政编码100125）
策划编辑 武旭峰
文字编辑 武旭峰

中国农业出版社印刷厂印刷 新华书店北京发行所发行
2012年8月第1版 2018年12月北京第3次印刷

开本：787mm×1092mm 1/16 印张：9.75 插页：2
字数：230千字
定价：24.50元
（凡本版图书出现印刷、装订错误，请向出版社发行部调换）

部分细菌、真菌的形态及构造显微成像图

彩图1

链球菌（*Streptococcus*）培养物涂片（革兰染色，1000×）

革兰阳性菌，菌体呈圆形或椭圆形，直径小于2.0μm，常3个或3个以上的菌体连接在一起，呈链状

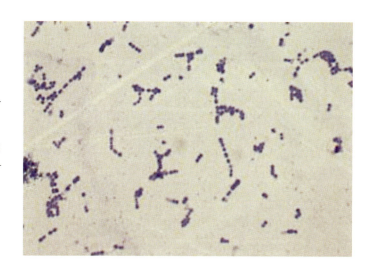

彩图2

葡萄球菌（*Staphlococcus*）培养物涂片（革兰染色，1000×）

革兰阳性菌，典型的葡萄球菌为圆形，直径 0.5～1.5μm，排列成葡萄串状

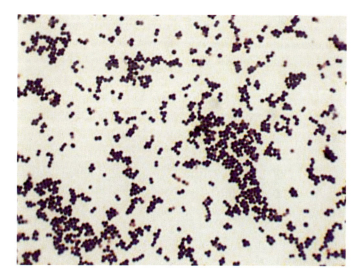

彩图3

大肠埃希菌（*E.coli*）培养物涂片（革兰染色，1000×）

革兰阴性菌，菌体平直、两端钝圆，单个散在或成对存在，大小 0.4～0.7μm×2～3μm

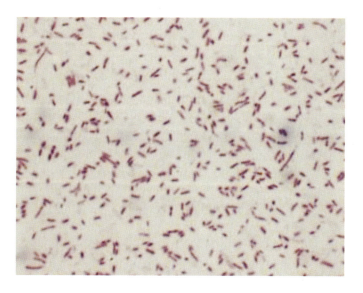

彩图4

炭疽芽胞杆菌（*B.anthracis*）18h内培养物涂片（革兰染色，1000×）

革兰阳性大杆菌，1.0~1.2μm×3~5μm，菌体平直，相连的菌端平切而呈竹节状，可形成很长的链，断端钝圆

注：实验室炭疽芽胞杆菌片均为疫苗菌株材料所制备

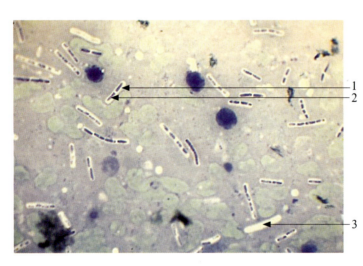

彩图5

炭疽芽胞杆菌（*B.anthracis*）动物组织抹片（美蓝染色，1000×）

1.荚膜：菌体周边厚度相同质地均匀的亮区或无色区（荚膜对普通染料如美蓝亲和力低，不易着色）；2.菌体：被美蓝染成蓝色；3.菌影：菌体因种种原因发生裂解而消失，但荚膜仍完整留存

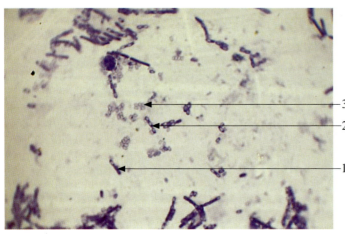

彩图6

炭疽芽胞杆菌（*B.anthracis*）24h以上培养物涂片（美蓝染色，1000×）

1.繁殖体：或称营养体，菌体没形成芽胞，整个菌体被美蓝染成蓝色；2.芽胞体：菌体内有芽胞（浅色区）形成，芽胞直径不超过菌体横径； 3.游离芽胞：为典型的芽胞结构

彩图7

裂殖酵母（*Schizosaccharomyces*）斜面培养物水浸片（美蓝染色，1000×）

菌体多呈胡瓜形、蜡肠形，大小差别比较大，而且可见正在进行横分裂繁殖的个别菌体；裂殖酵母不能进行出芽繁殖

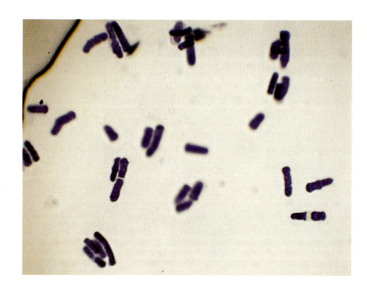

彩图8

根霉（*Rhizopus*）载玻片上培养物水浸片（100×）

可见完整的根霉；1.假根：由营养菌丝形成的类似植物根状的结构；2.孢子囊：已成熟破裂，用油镜观察（1000×）可见其内部和外部周边均有孢子囊孢子（内生性孢子）

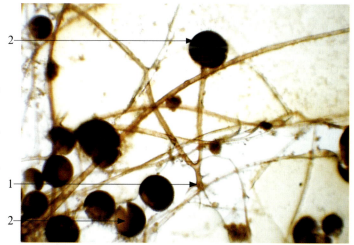

彩图9

青霉（*Penicillium*）载玻片上培养物水浸片（1000×）

可见其整个分生孢子（外生性孢子）穗，呈典型的扫帚状；分生孢子呈圆形、卵形、椭圆形

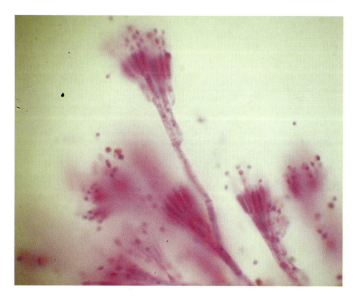

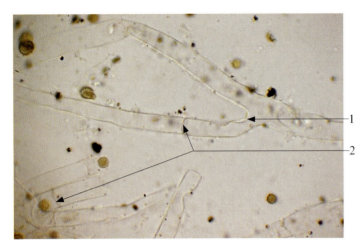

彩图10

黄曲霉（*A.flavus*）斜面培养物水浸片（1000×）

为菌丝生长旺盛期培养物水浸片，菌丝分支（1）被隔膜（2）分隔为多细胞，菌丝宽5~10μm

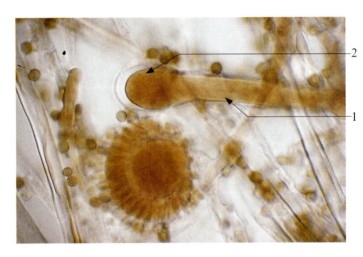

彩图11

黄曲霉（*A.flavus*）斜面培养物水浸片（1000×）

1.分生孢子柄：由繁殖菌丝分化而成；2.顶囊：由分生孢子柄顶端膨大而成，呈球形

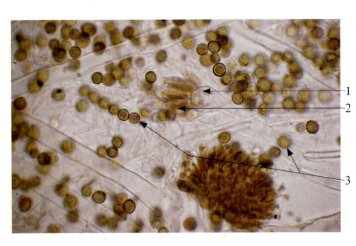

彩图12

黄曲霉（*A.flavus*）斜面培养物水浸片（1000×）

1.顶囊；2.分生孢子梗：由顶囊表面生出，形似瓶形、花瓣状或杆状，呈放射状排列；3.分生孢子串：着生于小梗顶端，多数已脱落，分生孢子呈球形或卵形